人机博弈

人工智能大辩论

郝英好　编著

电子工业出版社

Publishing House of Electronics Industry

北京·BEIJING

内容简介

本书选出最有代表性的八个人工智能定义、最该被人铭记的十大事件和人物、最受关注的八个人工智能话题，以正反两方思辨的方式提出我们对人工智能相关问题的大胆思考。

人工智能何时超越人类？人工智能是否具有人类意识？人工智能是否在抢人类的饭碗？人工智能是否会改变政治的本质？人工智能是否会进行艺术创作？谁掌握智能战争的决策权？人工智能如何影响网络安全？人工智能如何影响舆论？在思考之余，本书还从对人工智能时代的挑战与治理进行分析，提出约束人工智能的三条锁链：伦理与原则，标准制定，风险评估与预警。通过这种形式，为读者拨开围绕在人工智能身上的迷雾，并给读者带来思考的乐趣和人生的启迪。

图书在版编目（CIP）数据

人机博弈：人工智能大辩论 / 郝英好编著 . —北京：电子工业出版社，2021.6

ISBN 978-7-121-41344-5

Ⅰ . ①人… Ⅱ . ①郝… Ⅲ . ①人工智能—普及读物 Ⅳ . ① TP18-49

中国版本图书馆 CIP 数据核字（2021）第 111348 号

责任编辑：李　洁　　文字编辑：雷洪勤
印　　刷：三河市君旺印务有限公司
装　　订：三河市君旺印务有限公司
出版发行：电子工业出版社
　　　　　北京市海淀区万寿路 173 信箱　邮编：100036
开　　本：720×1000　1/16　印张：15.5　字数：248 千字
版　　次：2021 年 6 月第 1 版
印　　次：2021 年 6 月第 1 次印刷
定　　价：78.00 元

凡所购买电子工业出版社图书有缺损问题，请向购买书店调换。若书店售缺，请与本社发行部联系，联系及邮购电话：（010）88254888，88258888。

质量投诉请发邮件至 zlts@phei.com.cn，盗版侵权举报请发邮件至 dbqq@phei.com.cn。

本书咨询联系方式：lijie@phei.com.cn。

前言 | Preface

在"人工智能"一词出现之前，我们就在研究人类智能，并试图用机器实现这种智能。人类智能来源于人类特有的思维能力，这种能力能否自我解释并自我实现，仍未可知。2015年3月，美国哲学家、逻辑学家、麻省理工学院教授乔姆斯基与美国理论物理学家克劳斯对话时被问及"机器可以思维吗？"他套用计算机科学家戴克斯特拉的说法反问："潜艇会游泳吗？"如果机器人可以有意识（consciousness）的性质，那么机器人可以被认为是有意识的吗？

早在2000多年前，古希腊哲学家亚里士多德在研究人类思维时就提出三大联想律，即相似律、接近律和对比律，而同时期的中国哲学家、思想家庄子则通过与惠子的对话提出"子非鱼安知鱼之乐"的思考。进入21世纪，人类对思维的研究转向脑科学、神经网络、计算机科学等领域，试图通过机器实现与人类一样或者同等甚至更高级的智能。

近年来，人工智能一直是媒体所关注的热点话题。"机器学习""深度学习"等术语频繁出现在大众媒体中，将未来描绘成拥有智能机器人、自动驾驶汽车乃至智能武器杀手等各种人工智能应用场景。人工智能技术推动的未来景象有时被渲染得十分可怕，有时则被描绘为异常美好的

"乌托邦"。

人工智能到底是什么？大众与专业人士、技术研发与社科专家、政府官员与未来学家，显然有不同的理解与视角。很多时候，人们彼此之间谈论的人工智能其实并非同一概念，因为人类对人工智能的评判标准也在不断地变化。100多年前，能自己活动的机器就可以被视为是智能的，后来能打败围棋的就是智能的，现在视觉识别、语音控制是智能的，之后，会创造诗歌、绘画是智能的。未来，与人一样思考是智能的……

任何新事物的出现总会引起人们这样那样的想法，有的是积极的，有的是消极的。不管如何，这些思考都是有意义的。为了更好地启发读者，我们以正反两方思辨的方式提出我们对人工智能相关问题的思考。人工智能的奇点何时到来？人工智能是否在抢人类的饭碗？人工智能是否会思考？智能战争是否会毁灭人类？人工智能是否会改变政治的本质？人工智能如何影响网络安全，影响舆论？人工智能能否进行艺术创作？你一定急切地想知道这些问题的答案。其实，思考的过程往往比答案更重要。

除此之外，我们还对人工智能时代的挑战与治理进行了分析，提出了约束人工智能的三条锁链：伦理与原则，标准制定，风险评估与预警。通过这种形式，拨开人工智能的迷雾，使真理越辩越明。更重要的是，让读者加入对人工智能的思考中，多一些理智，少一些盲目，用实际行动，去伪存真，共建美好未来。

目录｜Contents

Part 1
|第一部分|
走进人工智能

Part 2
|第二部分|
人工智能大辩论

Part 3
| 第三部分 |
人工智能时代的挑战与治理

Part 1

第一部分

走进人工智能

近年来，人工智能（AI）一直是媒体所关注的热点话题。机器学习、深度学习等术语频繁出现在大众媒体中（多数文章通常都发表在非技术出版物上），将未来描绘成拥有智能机器人、自动驾驶汽车乃至智能武器等各种人工智能应用的世界。人工智能技术推动的未来景象有时被渲染得十分可怕，有时则被描绘为异常美好的"乌托邦"。

人工智能到底是什么？大众与专业人士、技术研发与社科专家、政府官员与未来学家，显然有不同的理解与视角。很多时候，人们彼此之间谈论的人工智能其实并非同一概念，从而导致无谓的争执和分歧。

人类对人工智能的认知标准也在不断变化。100多年前，能自己活动的机器就可以被视为是智能的；后来能打败围棋的就是智能的；现在视觉识别、语音控制是智能的；之后，会创造诗歌、绘画是智能的；未来，像人一样思考是智能的……

第一章

初识人工智能

1956年夏天，一场在美国达特茅斯学院召开的会议上，以约翰·麦卡锡和马文·明斯基为代表的一批学者将"人工智能"（Artificial Intelligence）确立为一个专门术语，随后发展为一门独立的学科。此后的60多年中，无数研究者进行了不懈的探索和努力，人工智能的发展也在满怀期待与失望之间反复徘徊，历经起起落落。但用机器模拟甚至超越人类智能的尝试从未停止。2016年，以AlphaGo为标志，人类失守了围棋这一被视为最后智力堡垒的棋类游戏。有人认为，这不过是用更强大的计算机、更复杂的算法，实现了更复杂的功能而已。计算机就算跳棋、象棋、围棋下得再好，也只是一台（或者一群）冷冰冰的机器。也有人惊呼，快速发展的人工智能将逼近"奇点"，带来下岗大潮、隐私泄露等诸多问题，甚至可能会导致人类的毁灭。

1956年达特茅斯会议参会人员合影

一、何为人工智能?

2001年,由史蒂文·斯皮尔伯格(Steven Allan Spielberg)执导的科幻电影《人工智能》(*Artificial Intelligence*)上映。该影片讲述了在人类已经进入强人工智能时代的21世纪中期,一个名叫大卫的机器人踏上寻找"母亲"并找寻自我、探索人性之路的故事。影片中的"主人公"大卫是一个具有自主意识和意志、能够自主做出决策并实施相应行为的强智能机器人。不可否认,影片中对于大卫的描述只是人类对于智能机器人的想象,对21世纪中期人工智能时代生活场景的描述同样也只是影片创作者的幻想。

那么,从科学角度看,人工智能到底是什么?下面从人工智能的不同学派、不同发展历程和不同学者给出的定义进行分析,多角度刻画人工智能。

1. 人工智能的主要学派

智能的评判标准在不断变化,智能的道路也分出多条路径。目前,人工智能的主要学派有下列三家。

(1)符号主义(symbolism),又称逻辑主义、心理学派或计算机学派,其原理主要为物理符号系统(符号操作系统)假设和有限合理性原理。

(2)连接主义(connectionism),又称仿生学派或生理学派,其主要原理为神经网络及神经网络间的连接机制与学习算法。

（3）行为主义（actionism），又称进化主义或控制论学派，其原理为控制论及感知–动作型控制系统。

图灵问题通常被认为是人工智能研究肇始，图灵巧妙地回避了智能的实现机制，仅从"等效"角度定义了机器智能。一直以来，"人工智能"术语中的"人工"是最无争议的，大家一致认同"人工"等价于计算机技术实现。然而，"智能"的实现机制在不同时期和不同机遇情况下，出现了不同理念变迁和范式更迭。机器学习的概念本身也隐含在图灵问题之中：计算机除了能够执行"指令规定的事情"之外，能否自我学习执行特定任务？图灵问题引出了一种新的编程范式，即连接主义/机器学习。在经典的程序设计（符号主义人工智能的范式）中，计算机的输入是规则（程序）和需要根据这些规则进行处理的数据，系统输出的是答案，如下图所示。在机器学习方法论中，计算机的输入是数据和从这些数据中预期得到的答案，系统的输出则是解决问题的规则。这些规则经过前期的学习过程（训练过程），可应用于新的数据求解（泛化过程），从而使得计算机系统自主生成答案。

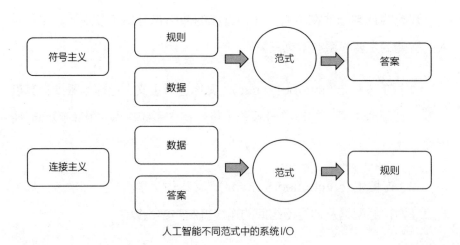

人工智能不同范式中的系统I/O

深度学习是机器学习的子集。它是指利用多层神经网络，以越来越复杂的方式处理数据，使软件通过海量数据训练机器去执行语音、图像识别等任务，从而不断提高其信息识别和处理能力的过程。聚集在神经上部用于深度学习的多层神经网络被称为深度神经网络。

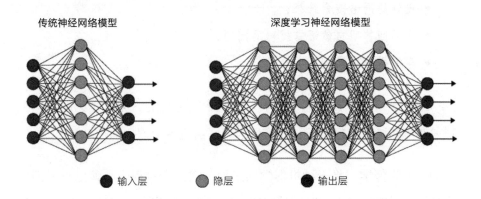

深度学习是机器学习一个相当有发展前途的分支领域，但在21世纪前十年才崛起。在随后的几年里，它在实践中取得了革命性进展，在视觉和听觉等感知问题上取得了令人瞩目的成果，而这些问题所涉及的技术，在人类看来是非常自然、非常直观的，但长期以来却一直是机器难以解决的。

特别要强调的是，深度学习已经取得了以下突破，它们都是机器学习历史上非常困难的领域：

- 接近人类水平的图像分类；
- 接近人类水平的语音识别；
- 接近人类水平的手写文字转录；
- 更好的机器翻译；

- 更好的文本到语音转换；
- 数字助理，比如Google Now和Alexa Internet；
- 接近人类水平的自动驾驶；
- 更好的广告定向投放，Google、百度等都在使用；
- 更好的网络搜索结果；
- 能够回答用自然语言提出的问题；
- 在围棋上战胜人类。

深度学习的分类是基于其学习机制不同进行的。深度学习的学习机制主要有四种：监督学习、无监督学习、自监督学习和强化学习。

（1）监督学习是一种机器学习过程，在这个过程中，输出被反馈到计算机，供软件学习，以便下次得到更准确的结果。有了监督学习，"机器"就可以接受最初的培训。相比之下，非监督学习是指计算机在未经初始培训的情况下进行学习。监督学习需要有明确的带标签输入数据，通常用作分类机制或回归机制。例如，恶意软件检测是典型的二进制分类场景（恶意或良性）。与分类相比，回归学习根据输入数据输出一个或多个连续值的预测值。

（2）无监督学习与监督学习相反，其输入数据不带标签。无监督学习通常被用于聚类数据、减少数据维度或估计密度。例如，模糊深度置信网络（DBN）结合模糊系统，可以提供一种自适应机制来调节DBN的深度，从而获得高度精确的聚类。

（3）自监督学习是监督学习的一个特例，它与众不同，值得单独归为一类。自监督学习是没有人工标注的标签的监督学习，可以看作没有人类参与的监督学习。虽然其仍然需要标签，但它们是从输入数据中生成的，通常是使用启发式算法生成的。有名的自监督学习的例子是自编码器（autoencoder）。监督学习、自监督学习和无监督学习之间的区别有时很模糊，自监督学习可以被重新解释为监督学习或无监督学习，这取决于关注的是学习机制还是应用场景。

（4）强化学习的机制是对智能代理的行为进行奖励，可以看作监督学习和无监督学习的融合。强化学习适用于具有长期反馈的任务场景。

简言之，深度学习因其在优化、描述、预测等方面的显著优势，在自主系统中得到了广泛应用。比较有代表性的应用领域有图像与视频识别、文本分析与自然语言处理、金融经济学与市场分析等。新技术军事化历来是军备发展战略的基础组成部分，图像识别必然会成为目标识别、定位与锁定攻击的助力手段。

2. 人工智能的发展历程

研究人工智能时，首先必须认识到人工智能的理论仍未完全突破，人工智能技术仍处在发展之中，并且面临着许多不确定性。

虽然深度学习近年来取得了令人瞩目的成就，但人们对这一领域在未来十年能够取得的成就似乎期望过高。虽然一些改变世界的应用（如自动驾驶汽车）已经触手可及，但更多的应用可能在长时间内仍然难以实现，比如可信的对话系统、达到人类水平的跨任意语言的机器翻译、达到人类水平的自然语言理解，所以不应该乐观地把达到人类水平的通用智能（human-level general intelligence）的期望太当回事。在短期内期望过高的风险是，一旦畅想的技术没有被成功实现，那么将导致研究投资方停止投资，而这会导致在很长一段时间内研究进展缓慢。这种事在人工智能发展史上曾经发生过，回顾这些技术的高潮和低谷，有助于对舆论炒作带来的"高烧"进行降温，降低研究人员的心理预期和压力，潜心研究人工智能技术，这样反而有助于智能技术自身的发展。

历史上，人工智能发展经历多次起落。第一次，20世纪50年代的达特茅斯会议确立了人工智能（AI）这一术语，20世纪60年代符号主义人工智能盛行。人们陆续发明了第一款感知神经网络软件和聊天软件，证明了数学定理，人们惊呼"人工智能来了""再过十年机器人会超越人类"。马文·明斯基是符号主义人工智能方法最有名的先驱和支持者之一，明斯基在1967年宣称："在一代人的时间内……将基本解决创造'人工智能'的问题。"三年后的1970年，明斯基做出了更为精确的定量预测："在3～8年的时间里，我们将拥有一台具有人类平均智能水平的机器。"直到2016年1月，明斯基这位在人工智能方面有着卓越贡献的科学家及哲学家因脑溢血在家中与世长辞，但这一目标看起来仍然十分遥远，目前仍然无法预测需要多长时间才能实现。在20世纪60年代到70年代初，一些专家却相信这一目标近在咫尺（正如今天许多人所认为的那样）。几年之后，由于这些过高的期望未能实现，研究人员和政府资金均转向其他领域，这标志着第一次人工智能冬天的开始（这一说法来自"核冬天"，因为当时是冷战高峰之后不久）。

第二次，20世纪80年代，一种新的符号主义人工智能——专家系统

（expert system）——开始在大公司中受到追捧。最初的几个成功案例引发了一轮投资热潮，进而全球企业都开始设立人工智能部门来开发专家系统。1985年前后，各家公司每年在这项技术上的花费超过10亿美元。但到了20世纪90年代初，这些系统的维护费用变得很高，难以扩展并且应用范围有限，人们逐渐对其失去兴趣，于是开始了第二次人工智能的冬天。

当今时代可能正在见证人工智能的炒作与让人失望的第三次循环，目前公众处于极度乐观的阶段。最好的做法是降低对人工智能的短期期望，确保对这一技术领域不太了解的人能够清楚地知道深度学习能做什么、不能做什么。在这个过程中，智能产业可能会经历一些挫折，也可能会遇到新的人工智能的冬天。正如互联网行业那样，在1998—1999年被过度炒作，进而在21世纪初期遭遇"寒潮"，并导致投资停止。

虽然对人工智能的短期期望可能不切实际，但长远来看前景是光明的。不要相信短期的炒作，但一定要相信长期的愿景。人工智能可能需要一段时间才能充分发挥其潜力，相信最终会实现上述目标。人工智能最终将应用到我们社会和日常生活的几乎所有方面，正如今天的互联网一样。深度学习已经得到了人工智能历史上前所未有的公众关注度和产业投资，但这并不是机器学习的第一次成功。可以这样说，当前工业界所使用的绝大部分机器学习算法都不是深度学习算法。深度学习不一定总是解决问题的正确工具：有时没有足够的数据，深度学习不适用；有时用其他算法可以更好地解决问题。

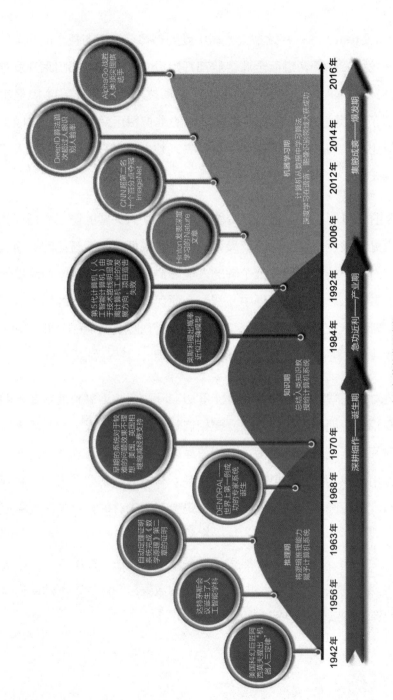

人工智能的发展浪潮

图片来源: 李睿深, 郝英好, 石晓军. 颠覆性技术丛书: 人工智能[M]. 北京: 国防工业出版社, 2021.

二、人工智能的几种定义

1. 艾伦·麦席森·图灵提出的"图灵测试"

"图灵测试"由艾伦·麦席森·图灵发明，指测试者与被测试者（一个人和一台机器）在分隔开的情况下，测试者通过一些装置（如键盘）向被测试者随意提问。进行多次测试后，如果有超过30%的测试者不能确定出被测试者是人还是机器，那么被测试的机器就通过了测试，并被认为具有人类智能。"图灵测试"一词来源于计算机科学和密码学的先驱艾伦·麦席森·图灵写于1950年的一篇论文《计算机器与智能》，其中30%是图灵对2000年时的机器思考能力的一个预测。

2. 约翰·麦卡锡和明斯基对人工智能的定义

人工智能的一个比较流行的定义，也是该领域较早的定义，是由约翰·麦卡锡在1956年的达特矛斯会议上提出的：人工智能就是要让机器的行为看起来就像是人所表现出的智能行为一样。在这次会议上，以约翰·麦卡锡为代表的一批学者将"人工智能"（Artificial Intelligence）确立为一个专门术语，随后也发展为一门独立的学科。

3. 斯图尔特·罗素和诺文对人工智能的定义

人工智能是有关智能主体的研究与设计的学问，而智能主体是指一个可以观察周遭环境并做出行动以达到目标的系统。人工智能能够模拟人的某些思维过程和智能行为（如学习、推理、思考、规划等）。

人工智能是人造机器所表现出来的智能性。总体来讲，对人工智能的定义大多可划分为四类，即机器"像人一样思考""像人一样行动""理性地思考"和"理性地行动"。这里"行动"应广义地理解为采取行动，或制定行动的决策，而不是肢体动作。

像人一样思考

4. 约翰·罗杰斯·希尔勒提出的"强人工智能"

1）强人工智能（Bottom-Up AI）

强人工智能观点认为有可能制造出真正能推理（Reasoning）和解决问题（Problem-Solving）的智能机器，并且，这样的机器被认为是有知觉的、有自我意识的。强人工智能分为两类：

（1）类人的人工智能，即机器的思考和推理就像人的思维一样。

（2）非类人的人工智能，即机器产生了和人完全不一样的知觉和意识，使用和人完全不一样的推理方式。

2）弱人工智能（Top-Down AI）

弱人工智能观点认为不可能制造出能真正地推理和解决问题的智能机器，这些机器只不过看起来像是智能的，但是并不真正拥有智能，也不会有自主意识。

关于强人工智能的争论不同于更广义的一元论和二元论的争论。其争论要点是：如果一台机器的唯一工作原理就是对编码数据进行转换，那么这台机器是不是有思维的？希尔勒认为这是不可能的。他举了个例子来说明，如果机器仅仅是对数据进行转换，而数据本身是对某些事情的一种编码表现，那么在不理解这一编码与实际事情之间的对应关系的前提下，机器不可能对其处理的数据有任何理解。基于这一论点，希尔勒认为即使有机器通过了图灵测试，也不一定说明机器就真的像人一样有思维和意识。

也有哲学家持不同的观点。丹尼尔·丹尼特认为，人也不过是一台有灵魂的机器而已，为什么我们认为人可以有智能而普通机器就不能呢？他认为像上述的数据转换机器是有可能存在思维和意识的。

有的哲学家认为，如果弱人工智能是可实现的，那么强人工智能也应该是可实现的。比如西蒙·布莱克本在其哲学入门教材 Think 里提出：一个人的行动看起来是"智能"的并不能真正说明这个人就真的是智能的；我永远不可能知道另一个人是否真的像我一样是智能的，还是说他仅仅看起来是智能的。基于这个论点，既然弱人工智能认为可以令机器看起来像是智能的，那就不能完全否定机器是真的有智能。布莱克本认为这是一个主观认定的问题。

需要指出的是，弱人工智能并非和强人工智能是完全对立的，也就是说，即使强人工智能是可能的，弱人工智能仍然是有意义的。至少，目前的计算机能做的事，像算术运算等，在百年前被认为是很需要智能的。

5. 尼尔逊对人工智能的定义

美国斯坦福大学人工智能研究中心尼尔逊教授对人工智能下了这样一个定义："人工智能是关于知识的学科——是怎样表示知识以及怎样获得知识并使用知识的科学。"

6. 温斯顿对人工智能的定义

美国麻省理工学院的温斯顿教授认为："人工智能就是研究如何使计算机去做过去只有人才能做的智能工作。"

7. 百度百科和相关论文对人工智能的定义

人工智能是研究、开发用于模拟、延伸和扩展人的智能的理论、方法、技术及应用系统的一门技术科学。从智能化水平看，人工智能大体可分为运算智能、感知智能和认知智能3个层次。

（1）运算智能即快速计算和记忆存储的能力。旨在协助存储和快速处理海量数据，是感知和认知的基础，以科学运算、逻辑处理、统计查询等形式化、规则化运算为核心。在此方面，计算机早已超过人类，但如集合证明、数学符号证明一类的复杂逻辑推理，仍需要人类直觉的辅助。

（2）感知智能即视觉、听觉、触觉等感知能力。旨在让机器"看"懂与"听"懂，并据此辅助人类高效地完成"看"与"听"的相关工作，以图像理解、语音识别、语言翻译为代表。由于深度学习方法的突破和重大进展，感知智能开始逐步趋于实用水平，目前已接近人类。

（3）认知智能即"能理解、会思考"。旨在让机器学会主动思考及行动，以实现全面辅助或替代人类的工作，以理解、推理和决策为代表，强调会思考、能决策等。因其综合性更强，更接近人类智能，认知智能研究难度更大，长期以来进展一直比较缓慢。

8. 布鲁金斯学会《人工智能改变世界》对人工智能的论述

人工智能通常是指"机器能够做出与人类一样的反应，具有像人类那样思考、判断和意图的能力"。这些软件系统"做出通常需要人类专业水平的决策"，并帮助人们预测问题或处理问题。也就是说，它们是以自主、智能和自适应的方式工作。

1）自主

人工智能算法被设计用来做出决定，这通常需要使用实时数据。它们不像被动式机器那样会进行机械或预先设置的响应。人工智能通过使用传感器、数据或远程输入，结合来自各种不同来源的信息，实时做出分析，并根据其得出的见解进行操作。这个分析和决策的过程随着存储系统、处理速度和分析技术的大幅改进，其复杂性也大大增加。

2）智能

人工智能通常与机器学习和数据分析相伴而行。机器学习需要数据并找出其中的潜在趋势，如果它发现与实际问题相关的问题，就可以利用这些知识来分析具体问题。这需要足够多的数据，以便相关算法可以识别有用的模式。数据包括数字信息、卫星图像、视觉信息、文本或非结构化数据等形式。

3）自适应

AI系统有能力在其做出决策时学习和适应。如在交通领域，自动驾驶车辆具有让驾驶员和车辆知道即将到来的拥堵、坑洼、公路建设或其他可能的交通障碍的能力。车辆可以利用路上其他车辆的经验，而无须人类参与，并且它们实现的"体验"马上可以完全转移到其他类似配置的车辆上。先进的算法、传感器和摄像头融合了当前操作的经验，并使用仪表板和显示屏显示实时信息，以便驾驶员能够了解当前的交通状况和车辆状况。

4）人类智慧与人工智能的差别

虽然人类智慧和人工智能之间有许多相似之处，但也存在很大差异。每个在动态环境中交互的自治系统都必须构建一个世界模型，并持续更新该模型。这意味着系统必须能够感知世界（通过相机、麦克风或触觉传感器感知世界），然后进行重建，确保计算机的"大脑"在做出决策之前，具有其所在世界的有效和最新的模型。世界模型的准确度及其更新的及时性是决定自治系统有效与否的关键。

　　例如，自治无人驾驶飞机导航相对比较明确，因为它飞行时所依据的世界模型只包括那些能够指示优选路线、高度障碍物和禁飞区域的地图。雷达通过指示哪些高度没有障碍物来实时扩充这个模型。GPS坐标会向无人驾驶飞机传导需要去的地方，同时GPS坐标计划的总体目标在于避免飞机进入禁飞区或避免其与障碍物碰撞。

　　相比之下，无人驾驶汽车的导航更加困难。汽车不仅需要类似的地图测绘能力，而且还要了解所有附近的车辆、行人和骑自行车的人的位置，以及他们在接下来的几秒钟内所在的地方。无人驾驶汽车（和一些无人机）通过激光雷达、传统雷达和立体计算机视觉的组合来实现这一点。因此，无人驾驶汽车的世界模型比典型无人驾驶飞机的世界模型更加先进，同时反映了操作环境的复杂性。无人驾驶汽车的智能系统需要跟踪附近所有车辆和障碍物的一切动态情况，不断地计算所有可能出现的交点，然后对交通状况进行预判，以做出行动决定。

　　实际上，这种对其他司机未来行为做出的估计或猜测是人类驾驶的关键组成部分，但是人类能够轻而易举地通过认知来做到这一点。计算机需要使用很强的计算能力来跟踪所有这些变量，同时还要试图保持和更新其当前的世界模型。考虑到此问题的计算十分浩大，因此，为了保持行动的安全执行时间，无人驾驶汽车将根据概率分布进行最佳猜测。因此，实际上，汽车目前会依据某种置信区间猜测哪个路径或行动是最佳的选择。自治系统的最佳运行条件应能够在环境不确定性较低的情况下完善高保真世界模型。

第二章

人工智能发展之路
上的那些人与事

一、艾伦·麦席森·图灵

艾伦·麦席森·图灵是英国数学家、逻辑学家，被视为计算机科学之父、人工智能之父。图灵1912年生于伦敦，1931年进入剑桥大学国王学院，毕业后到美国普林斯顿大学攻读博士学位。图灵于1954年逝于曼彻斯特。在40多年的短暂生命里，图灵为人类做出了重大贡献。

艾伦·麦席森·图灵

1936年，图灵向伦敦权威的数学杂志投了一篇论文，题为"论数字计算在决断难题中的应用"。在这篇开创性的论文中，图灵给"可计算性"下了一个严格的数学定义，并提出著名的"图灵机"（Turing Machine）设想。"图灵机"不是一种具体的机器，而是一种思想模型，可制造一种十分简单但运算能力极强的计算装置，用来计算所有能想象得到的可计算函数。"图灵机"与"冯·诺依曼机"齐名，被永远载入计算机的发展史中。

1950年10月，图灵在哲学杂志*Mind*上发表论文《计算机与智能》，提出了著名的图灵测试，成为划时代之作。也正是因为这篇论文，图灵被称为"人工智能之父"。

二、冯·诺依曼

作为 20 世纪伟大的数学家，冯·诺依曼是以"神童"的身份为人所知的。他 8 岁就已经掌握微积分，高中毕业就能熟练运用 7 门语言。在学术生涯的黄金时期，冯·诺依曼是美国军方著名智库兰德公司的顾问，当时兰德公司内部最流行的三项挑战：第一是在"兵棋推演"游戏中击败冯·诺依曼，这是一项从没有人实现的目标；第二是出一道连冯·诺依曼都回答不了的问题，这项挑战有人做到了，就是博弈论上著名的"囚徒困境"问题；第三是观察并学习冯·诺依曼思考问题的方式，这个几乎全兰德公司的研究员都做得很好。

冯·诺依曼

冯·诺依曼是曼哈顿工程的中坚力量，他为美国军方贡献的智慧难以估量，对全人类的贡献也是堪称传奇。我们今天使用的所有计算机，几乎都是沿用"冯·诺依曼机"的基本架构。

作为最早宣称机器的计算能力必定超越人类的科学家之一，冯·诺依曼力促美国军方使用机器计算来解决"曼哈顿工程"中的海量计算问题。这篇长达 101 页的科学报告就是史上著名的"101 页报告"（也称"EDVAC 方案"），刻画出现代计算机的体系结构："计算机的基础组成是：存储器、控制器、运算器和输入输出设备。"

和图灵发明的"炸弹"计算机刚诞生就远超人类一样，冯·诺依曼研制的史上首台存储式计算机"MANIAC"问世不久，就在一场专门为计算机和冯·诺依曼本人量身定做的"人机对抗"中，实现了机器对人类的智力碾压。"这在国防科技史上具有划时代的意义：机器战胜了五角大楼最为依赖的世界上最伟大的大脑之一。"

在冯·诺依曼未完成的遗作《计算机与人脑》中，充分展现出他20世纪最伟大数学家的深邃，书中的很多思想仍将在很长一段时间内闪耀着不朽的光辉。

> **知识链接：《计算机与人脑》名言摘录**
>
> ◆ 这些系数还说明，天然元件（人脑）比自动机器优越，是它具有更多的、却是速度更慢的器官。而人造元件的情况却相反，它比天然元件具有较少的、但速度更快的器官。
>
> ◆ 这就是说，大型的、有效的天然自动机，以高度"并行"的线路为优势；大型、有效的人造自动机，则并行的程度要小，以采取"串行"线路为优势。
>
> ◆ 神经系统是这样一台"计算机"，它在一个相当低的准确度水平上，进行着非常复杂的工作。

所以，神经系统所运用的记数系统和我们熟知的一般的算术和数学系统根本不同。它不是一种准确的符号系统……它是另外一种记数系统，消息的意义由消息的统计性质传递，这种方法带来了较低的算术准确度，却得到了较高的逻辑准确度。也就是说，算术上的恶化换来了逻辑上的改进。

三、杰弗里·辛顿与反向传播算法

20世纪70年代，BP算法的思想就已被提出，但未引起重视。1985—1986年，大卫·鲁梅尔哈特（杰弗里·辛顿的老师，1986年和詹姆斯·麦克莱伦德共同出版了《并行分布处理：认知微结构的探索》一书）、杰弗里·辛顿、威廉姆斯等重新推广了BP算法，并成功用于训练多层感知器（MLP），解决了人工神经元异或逻辑实现问题，对人工智能的发展产生重大影响，并成为深度学习的奠基石之一。通过推导人工神经网络的计算方式，反向传播可以纠正很多深度学习模型在训练时产生的计算错误。曾有人举例：几个人站成一排，每个人依次将看到的图像描述给下一个人，最后一个人得到的信息往往完全走样。反向传播的原理就是，将图像给最后一个人看，让他对比图像和他得到的信息之间有多少误差，再将误差依次传给前面的人，让每个队友分析误差中有多少是自己的，下次描述时哪里需要改进。由此一来，准确度就能提高。这种机制极大地提高了人工神经网络的性能。因此，反向传播算法对现有人工智能影响很大，以至于《麻省科技评论》在报道中直接称："今天的 AI 就是深度学习，而深度学习就是建立在反向传播机制之上的。"

然而提出反向传播算法之后，辛顿并没有迎来事业上的蓬勃发展。20世纪80年代末期，第二波人工神经网络热潮带来大量投资，然而因为1987年全球金融危机和个人计算机的发展，人工智能不再是资本关注的焦点。同时，当时的计算机硬件无法满足神经网络需要的计算量，也没有那么多可供分析的数据，辛顿的理论无法得到充分实践。20世纪90年代中期，神经网络研究被打入冷宫，辛顿的团队在难以获得赞助的情况下挣扎，辛顿被美国国防高等研究计划署（DARPA）拒绝。幸好这时，加拿大高级研究所（CIFAR）向他抛出橄榄枝，资助了辛顿的团队。

辛顿事业的再次起飞是在 2012 年。计算机硬件的性能大幅提高，计算资源也越来越多，他的理论终于能在实践中充分发展。他带领两个学生利用卷积神经网络（CNN）参加了名为"ImageNet 大规模视觉识别挑战"的比赛，这是当时规模最大的图片分类识别比赛。截至2016年，ImageNet 数据集中有上千万张手工标注的图片，是图像识别领域最重要的数据库。比赛的其中一个内容是，让机器辨认每张图像中的狗是什么类型的，从而对100多只狗进行分类。

在比赛中，辛顿带着他的学生以16%的错误率获胜——这个错误率低，甚至低于人眼识别的错误率18%，并且远低于前一年 25% 的获胜成绩。这让人们见识了深度学习的威力。从此，深度学习一炮而红。辛顿的一些学生也逐渐在行业内站稳脚步。和辛顿一起参加比赛的伊利亚·莎士科尔后来成为OpenAI的研究主管。OpenAI由埃隆·马斯克参与创办，研究如何让人工智能改善人类生活。辛顿的另一名学生曾任 Facebook AI Research 的第一任主管，还有的则担任了Uber的首席科学家。

四、维纳与反馈机制

被称为"控制论之父"的诺伯特·维纳是一名神童，20 岁前即取得博士学位。他于1894 年 11 月 26 日生于美国密苏里州哥伦比亚，于1964年 3 月 18 日病逝于瑞典斯德哥尔摩。他于 1913 年在哈佛大学获哲学博士学位；随后赴欧洲，在英国剑桥大学和德国哥丁根大学研究数理逻辑；于1915 年返回美国，在缅因大学执教；于 1919 年到马萨诸塞州理工学院任教，于1932年升为教授，直至退休。他曾于1934—1935年到中国任清华大学客座教授。

维纳在大学时期学习过生物学与哲学，早年研究数理逻辑，后来转入应用数学领域，研究与随机过程有关的勒贝格积分、广义调和分析、复域傅里叶变换和滤波与预测理论。在第二次世界大战期间，他承担火炮自控装置的设计工作，揭示了神经系统与自控装置的共同工作机制，把飞行轨迹的信息作为随机过程加以处理，以进行预测，并应用反馈机制消除偶然因素的干扰。第二次世界大战后，他综合了控制和通信系统共有的特点，把这类系统与动物机体、神经系统、社会经济等加以类比，并从统计观点出发研究了这些自控系统的一般规律，创立了控制论，从而对战后自然科学的发展和自动化技术的发展产生了巨大影响。

1940年，维纳开始考虑计算机如何能像大脑一样工作，发现了二者的相似性。维纳认为计算机是一个进行信息处理和信息转换的系统，只要这个系统能得到数据，就应该能做几乎任何事情。他从控制论出发，特别强调反馈的作用，认为所有的智能活动都是反馈机制的结果，而反馈机制是可以用机器模拟的。维纳的理论抓住了人工智能核心——反馈，因此可以被视为人工智能"行为主义学派"的奠基人，其对人工神经网络的研究也影响深远。

五、约翰·麦卡锡与达特茅斯会议

约翰·麦卡锡（John McCarthy），于1927年生于美国马萨诸塞州波士顿市，于1948年获得加州理工学院数学学士学位，于1951年获得普林斯顿大学数学博士学位。他是首次正式提出"人工智能（Artificial Intelligence）"这一名词的人，是LISP语言的发明者，还是达特茅斯会议的发起人，1971年图灵奖得主。

约翰·麦卡锡与人工智能结缘要感谢冯·诺依曼。1948年9月，大数学家、计算机设计大师冯·诺依曼在加州理工学院主办的希克森脑行为机制研讨会上介绍了关于自复制自动机的论文。麦卡锡深受启发，认为可以将机器智能与人的智能联系起来，并计划将其作为下一步的研究内容。1949年，麦卡锡在普林斯顿大学数学系做博士论文时，有幸与冯·诺依曼一起工作。在冯·诺依曼的鼓励和支持下，麦卡锡开始研究机器模拟人工智能，主要研究方向为计算机下棋，并发明了著名的 $\alpha - \beta$ 搜索法，有效减少了计算量，至今仍被广泛使用。

麦卡锡博士毕业留校工作两年后，1953年到斯坦福大学任教，1955年去了位于美国新罕布什尔州汉诺威市的达特茅斯学院任教，1958年赴麻省理工学院任教，1962年又回到了斯坦福大学担任计算机科学教授。1952年，麦卡锡结识了贝尔实验室的克劳德·艾尔伍德·香农（Claude Elwood Shannon，美国数学家、信息论的创始人，香农采样定理的提出者）。他们在人工智能方面进行了深入探讨，并萌生召开一次研讨会的想法。1955年夏天，麦卡锡到IBM打工（美国教授一般发九个月工资，其余需要申请项目经费或在暑假找一些科研工作），与他在IBM的领导纳撒尼尔·罗切斯特（Nathaniel Rochester，IBM第一代通用机701的主设计师）兴趣相投，决定第二年夏天在达特茅斯学院搞一次学术研讨活动，并说服香农和哈佛大学的马文·明斯基（Marvin Minsky，人工智能与认知学专家，1969年图灵奖得主）一起申请洛克菲勒基金会的资助。麦卡锡的预算是13 500美元，洛克菲勒基金会只批了7500美元。但有资金支持总是好的。麦卡锡给这个第二年的活动起了个别出心裁的名字："人工智能夏季研讨会"（Summer Research Project on Artificial Intelligence）。

1956年夏天，麦卡锡、罗切斯特、香农、明斯基、艾伦·纽厄尔（Allen Newell，计算机科学家）、赫伯特·西蒙（Herbert Simon，1975年图灵奖得主，1978年因为"有限理性说"和"决策理论"获得诺贝尔经济学奖）、奥利弗·塞弗里奇（Oliver Selfridge，机器感知之父，模式识别奠基人）等人齐聚达特茅斯学院，会议历时两个多月，研讨主题包括自动计算机（即可编程计算机）、计算机编程语言、神经网络、计算规模理论、自我改进（即机器学习）、抽象、随机性与创造性等。会上首次就"人工智能"这一术语达成一致，并确立了可行的目标和方法，这使得人工智能成为计算机科学一个独立的重要分支，获得了科学界的承认。除此之外，还有四人也参加了此次会议。他们是来自IBM的亚瑟·撒米尔（Arthur Samuel）和阿列克斯·伯恩斯坦（Alex Bernstein），他们一个研究跳棋，一个研究象棋。达特茅斯学院的教授特伦查德·摩尔（Trenchard More）和机器学习的先驱、算法概率论的创始人雷·所罗门诺夫（Ray Solomonoff）。和其他来来往往的人不同，所罗门诺夫在达特茅斯待了整整一个暑假。他受麦卡锡"反向图灵机"和乔姆斯基文法（艾弗拉姆·诺姆·乔姆斯基1956年提出的计算机形式文法表达分类谱系）的启发，发明了"归纳推理机"。

这次会议对后来人工智能的发展产生了深远影响。在此之后，人工智能的重点开始变为建立实用的能够自行解决问题的系统，并要求系统有自学能力。

六、李飞飞与图像识别

李飞飞于1976年出生于北京，在四川长大，16岁时随父母移居美国新泽西州，先后攻读普林斯顿大学物理系、加州理工学院电子工程专业，获得加州理工学院电子工程博士学位。

博士毕业后，李飞飞进入斯坦福大学人工智能实验室，选择了当时并不被看好的研究方向——计算机视觉识别领域。从2007年开始，经过两年半的艰苦努力，并利用亚马逊众包平台雇用了167个国家共计5万人，李飞飞建成了一个后来大名鼎鼎的"ImageNet"数据集，可供计算机看图训练使用。2009年时图库就包含了1500万张图片，涵盖2万多种物品。2009年，李飞飞团队发布了相关的论文和数据集。2009年年底，李飞飞在ImageNet中额外加入用算法为图像定位的任务，研究进展取得快速突破，一口气连发了5篇论文。

李飞飞觉得这根本不够，她想让更多的人知道数据集，知道图像识别的作用。于是她奔赴欧洲找到著名的图像识别大赛举办方，成功说服他们采用ImageNet。研究人员发现他们的算法在使用ImageNet数据集后，有了更好的表现效果。于是越来越多的人开始参与ImageNet大赛，当时的科技巨头谷歌、亚马逊、Facebook等公司纷纷要求比赛持续办下去。

经过ImageNet大赛，研究者们终于意识到数据和算法同等重要，它解决了人工智能发展的许多问题，也引发了人工智能井喷式的发展，

Part 1

曾经鲜为人知的人工智能开始进入大众的视野。而这一切的幕后推动者，正是一位年轻的华人女学者李飞飞。

李飞飞开放了ImageNet，供全世界的研究者们免费使用。她自己则继续待在实验室，将全部精力放在AI研究上。其间，她在权威计算机期刊上发表了超过100篇论文，引用量更是高达44773次。

鉴于李飞飞在AI领域取得的卓越成就，斯坦福大学在她33岁时授予她终身教授之职，她成为计算机系最年轻的教授。2015年，李飞飞入选"全球百大思想者"。2020年2月，李飞飞教授当选为美国国家工程院院士。

七、神经网络的提出

神经网络是一种机器学习算法。神经的神经元部分是计算元件，网络部分是神经元之间的连接方式。神经网络可相互传递数据，并随数据传递实现更多的含义。由于网络是相互连接的，因此可以更容易地处理更复杂的数据。

你可能已经听说过神经网络，在当今最先进的人工智能背后，是大脑激发的人工智能工具。虽然像深度学习这样的概念是比较新的，但它们背后的理论体系可以追溯到1943年的一个数学理论。

沃伦·麦卡洛和沃尔特·皮茨的《神经活动内在想法的逻辑演算》可能听起来非常普通，但它与计算机科学一样重要（甚至超过计算机科学）。其中，《PageRank引文排名》一文，催生了谷歌的诞生。在《逻辑微积分》中，麦卡洛和皮茨描述了如何让人造神经元网络实现逻辑功能。至此，AI的大门正式打开。

八、人工智能在棋类游戏领域超越人类

棋类游戏作为人类的一种智力游戏，备受人工智能开发者的青睐。人工智能的几次热潮都少不了人机对弈事件。1946年，第一台计算机发明时，人们觉得那只是一台能比人做算术题更快的机器。但是，当1962年在IBM研究机器学习的研究员亚瑟·撒米尔编写的跳棋程序战胜了一位盲人跳棋高手罗伯特·尼利，引发轰动，人们才开始认为这是人工智能。

随着技术的不断发展以及民众科学水平的提高，人们发现计算机下棋，本质上只不过是用穷举或优化搜索的方式来计算，并不是像人一样"下棋"或者具有"智能"，于是有人提出跳棋过于简单，在国际象棋等复杂到无法计算的项目上，计算机肯定是无法超越人类的。但35年之后，1997年IBM的"深蓝"计算机战胜了国际象棋冠军加里·卡斯帕罗夫（Garry Kasparov）。于是又有人提出围棋是一项无法穷尽搜索、需要依靠人类"大局观"的智力运动，是唯一计算机无法战胜人类的棋类比赛。2016年，人类被快速发展的算法无情地嘲笑，从谷歌旗下DeepMind公司戴密斯·哈萨比斯团队开发的"阿尔法狗"（AlphaGo）与李世石对弈的4∶1，到其升级版Master与数十位人类顶尖棋手的60∶0，再到新的升级版"阿尔法元"（AlphaGo Zero）以100∶0的不败战绩击败曾书写历史的"阿尔法狗"，这也成为人工智能第三次热潮的典型事件。

九、人工智能在语言处理领域超越人类

人工智能在语言处理领域包括语音识别、机器翻译、语言理解、语音合成等，目前已取得很大进展，并得到广泛应用。例如，智能音响、文件翻译、图片文字识别、手机语音助手、人工智能销售员等。

语音识别技术最早诞生于20世纪50年代的贝尔实验室，当时是基于计算机系统开发的特定语言增强系统Audry，可识别十个英文数字单词。在20世纪80年代末，卡耐基梅隆大学李开复主导研究，推出Sphinx系统，成为第一个高性能的非特定人、大词汇量连续语音识别系统。但这些系统都未能超越人类的语言理解和处理能力。

进入21世纪，随着深度学习、卷积神经网络、长短时记忆模型、连接时序分类训练等技术发展和模型应用，人工智能在语言处理领域开始超越人类。首先，在语音识别领域，2015年，在全国人机语音通讯学术会议上，百度公司分享了在人机语音交互方面的技术成果和突破，其最新研发的语音识别技术，识别相对错误率比现有技术降低15%以上，使汉语安静环境普通话语音识别的识别率接近97%。语音识别词错率低于人类平均水平。2016年10月，微软表示其语音识别技术的英文词错率已经低至5.9%，持平人类水平。

其次，在语言理解上，人工智能也在不断取得突破。为了提高人工智能的语言处理能力，2016年斯坦福大学推出一个阅读理解问答数据集（Stanford Question Answering Dataset，SQuAD）。其中包含了10万多个来自维基百科的问答对。该数据集与其他数据集相比，有很大不同：回答不是选择题，而是问答题，或者说，不再是在几个给定的选

项中找答案，而是要从整段文本中去找正确答案。这就像让人工智能做阅读理解题，而且是问答题。2018年1月3日，微软亚洲研究院开发的R-NET参加斯坦福阅读理解问答数据集机器阅读理解挑战赛，在"精准匹配"（Exact Match）这一项指标上取得82.650的好成绩，首次超越了人类水平。但随后，斯坦福自然语言处理（NLP）团队于2018年6月3日对机器阅读理解数据集进行了更新，加大了难度，升级到SQuAD 2.0版本。相较于之前的SQuAD 1.1版本中的10万个问答，SQuAD 2.0又新增了5万个由人类众包者设计的对抗性问题，而且问题在文中不一定有直接对应的答案。人工智能暂时落后于人类。但很快，从2019年开始，平安科技的玲珑心智能对话团队数次战胜谷歌、科大讯飞等强劲对手，不断刷新纪录，并超越人类。2020年3月，平安科技在"精准匹配"这一项指标上取得90.386的好成绩，超过人类86.831的水平。当然，这一数据还在不断被刷新。2021年2月的数据显示，蚂蚁服务智能团队在"精准匹配"这一项指标上获得90.871的分数。看来斯坦福NLP团队又该对数据集进行升级了。

第三章

人工智能正在开创
一个新的时代

一、人工智能已广泛渗透到日常生活中

人工智能已经到来，且就在我们身边，几乎无处不在。与前两次人工智能热潮相比，今天的人工智能热潮虽然也与下棋有关，但却存在着本质的不同，最大特点表现在人工智能在语音识别、机器翻译、人脸识别等多个领域，基本达到或超过了一般人的平均水平，从而真正做到"实际可用"，能被认可。正是因为方法改进带来可用性的提高，人工智能的算法和技术开始应用于实际场景，解决实际问题。在产业层面实现真正的落地，发挥和创造出切实的价值。某种程度上，可以认为前两次人工智能热潮是学术研究机构主导的，而这次是商业需求主导的。前两次是舆论界在炒作、学术界在游说政府和投资人给予关注，而这次是政府与资金主动向富有希望的学术和创业项目投资。前两次更多的是提出问题，而这次更多的是解决问题。

2017年第一季度，中国智能手机出货量为1.12亿台，保有量为10.7亿台，接近人手一部。苹果Siri、微软小冰、咪咕灵犀等智能助手，控制手机不用按键和触屏而用声音，正试图颠覆我们和手机交流的根本方式。今日头条、一点资讯、网易新闻向你推送最感兴趣的媒体内容，真正做到了"千人千面"。美图秀秀、天天P图、照片工坊等图像处理工具，可以进行图片美化和艺术加工，创造出属于每个人的美颜自拍或卡通形象。还有滴滴、摩拜等出行服务类，淘宝、京东等购物类，百度、高德等地图类，美团、大众点评等外卖类……这些习以为常的软件里，其实都有人工智能的功劳。过去的3～5年中，人工智能飞速发展，应用不断铺开，在很多领域产生了重大甚至颠覆性的影响。

一是机器翻译。世界上现存3000～8000种语言，使用比较普遍的约有200种，其中使用人数超过5500万的也有13种。跨语种、跨文化的交流需要翻译工作，但能够精通或熟悉很多门语言的人很少，用计算机实现准确的机器翻译，是人们长久以来的想法。大约30年前的主流方法，是借助语言学家语义分析的办法，试图让机器真正"读懂"。但人类的语言实在太过于丰富，而且歧义性极强。比如"心有余而力不足"（The spirit is willing, but the flesh is weak）经过英语到俄语、再由俄语翻译成英语后的译文是"伏特加酒是好的，但肉却烂掉了"，语义分析这条路宣告失败。10年前的主攻方向，是通过概率模型提升语言翻译的准确性，虽有提升，但效果距离"实际可用"还有很大差距。随后引入了深度学习算法，机器翻译的大体步骤是首先找到尽可能多的"语料库"，比如经过翻译家核准的文章或书的中英文对照版本，并据此来学习和改善自己的翻译模型。正是这一技术方法上的转变，让机器翻译得以走向实用化。读外文书，可以用汉王、蒙恬等翻译笔，几百元就能实现8国语言的翻译。出国旅游，可以用各类装在手机上或做成独立器材的"翻译神器"，进行日常沟通完全没问题。

二是机器视觉，包括人脸识别。今天在一些高科技公司，员工已经不再佩戴门禁卡。在出入要道上控制安全权限的，是高分辨率摄像头，和其背后基于人工智能的人脸识别算法。Face++（旷视）是一家专注人脸识别等视觉技术服务的公司，公司仅成立6年的时间，但在各项国际顶级赛事中的表现已全面超越微软、谷歌、Facebook 等，其技术已被支付宝、联想、华为等平台或企业采用，作为身份识别的安全工具。开放平台的日使用者超5万人，日均调用次数保持在数十亿量级。杭州地铁在部署了人脸识别系统后，通过与公安部相关数据库联网，10个月内成功识别并抓获1000名逃犯。ImageNet是一个计算机视觉系统识别项目名称，也是目前世界上最大的图像识别数据库。在代表最前沿发展水平的竞赛（ILSVRC）中，参赛的人工智能算法在识别图片中的人、动物、车辆或其他常见图像时，2014年已超过了普通人的肉眼识别准确率，并仍在继续提升。人工智能推动了人脸识别、人体识别、文字识别、通用图像识别等机器图像识别领域的飞速进展，并开始在银行、医疗、教育等多个领域被广泛应用。

人脸识别

Part 1

三是自动驾驶。2016年5月7日，一辆开启了Autopilot自动辅助驾驶模式的特斯拉电动车未能对大货车做出反应，径直撞向其尾部，导致驾驶员死亡。这是人工智能发展史上第一次由自动驾驶导致死亡的事故。事后的调查结果表明，在特斯拉总计1.3亿英里（1英里≈1.6千米）的自动驾驶行驶记录中只发生了这一次致死事故，比普通汽车平均9400万英里发生一次致死事故的概率要低。美国国家公路交通安全管理局的报告表示，自动驾驶系统的设计初衷需要人类驾驶员来监控路况，并应对复杂情况。当时驾驶员有7秒钟的时间做出观察和反应，但可惜什么都没有做。而且在安装了自动辅助驾驶系统后，特斯拉事故发生率确实降低了40%。这说明自动驾驶系统的总体安全概率确实高于人类驾驶员。2017年7月5日，李彦宏乘坐无人驾驶汽车开上北京五环路。2017年12月2日，深圳开通了开放道路上无人驾驶的公交车，并拟逐步推广。自动驾驶的科幻色彩正在减弱，其商业应用和大范围普及只是时间的问题。

二、人工智能已获各主要国家高度重视

人工智能技术具有显著的泛在性、赋能性和不确定性。如果说科学家们对人工智能的热情源于自身科学创新的使命感和好奇心，那么普通民众对于人工智能的巨大兴趣，则完全来自这种技术如魔术一般的神奇能力。自2013年起，世界主要国家开始对人工智能进行系统性布局，如法国政府发布了《法国机器人发展计划》。在学界、商界和民间的热情下，各国政府也争先恐后地踏上了人工智能竞赛的赛道，人工智能全球领导者之争已经拉开序幕，加拿大、日本、新加坡、中国、阿联酋、芬

兰、丹麦、法国、英国、韩国和印度等都发布了促进人工智能的国家战略。

世界各主要大国在人工智能领域纷纷出台国家战略，加快顶层设计，抢抓人工智能时代的主导权。美国白宫接连发布三份关于人工智能的政府报告，成为世界上第一个将人工智能发展提升到国家战略层面的国家，并将人工智能战略规划视为新时代的阿波罗登月计划，希望美国能够在人工智能领域继续保持其像在互联网时代一样的霸主地位。英国通过发布2020年国家发展战略，确定了其人工智能的发展目标，并要求在政府部门内率先加速应用人工智能技术。欧盟早在2014年就启动了全球最大的民用机器人研发计划"SPARC"。日本政府在2015年制订了《日本机器人战略，愿景、战略、行动计划》，宣称日本要进行人工智能机器人的革命。总体上看，各主要大国均将人工智能摆在了重要位置，提升其战略地位。

经过多年的持续积累，我国在人工智能领域国际科技论文发表量和发明专利授权量上已居世界第二位，部分领域核心关键技术实现重要突破。加速积累的技术能力与海量的数据资源、巨大的应用需求、开放的市场环境有机结合，形成了我国人工智能发展的独特优势。2017年7月，国务院印发《新一代人工智能发展规划的通知》，从国家层面对人工智能进行系统布局，部署构筑我国人工智能发展的先发优势，确立了"三步走"目标：到2020年人工智能总体技术和应用与世界先进水平同步；到2025年人工智能基础理论实现重大突破，技术与应用部分达到世界领先水平；到2030年，人工智能理论、技术与应用总体达到世界领先水平，成为世界主要人工智能创新中心。

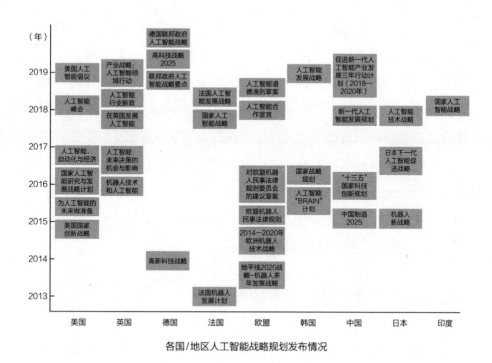

各国/地区人工智能战略规划发布情况

三、智能加持的社会生活

在智能时代，人工智能可以创造出足够人类生存和发展的物质及财富。人类将会有足够的空闲时间，完全可以根据自己的兴趣干自己想干的事情。某种程度上也可以看作马克思眼中的共产主义社会。在这个社会阶段，社会公共机构非常发达，没有城乡差异，人与人之间的待遇差异和社会分工会完全消失，人人都能得到开放式的教育与医疗、交通运输工具，人们不再需要每天工作8小时、每周工作5天，在"各尽所能各取所需"的社会里，在开放式的社会资源的保障下，人们不再追求物质生活，探索世界成为人们的第一需求。科技非常发达，人们就能够以低工作量去满足优质的生活所需，所有的财产归全体人民所有，生活物资各取所需。人们从一出生就平等地享受社会的公共福利，人们可以充分利用社会资源来探索宇宙的奥秘、生命的奥秘。人不会被分工所局限着，达到"各尽所能，各取所需"的阶段。在这个阶段，任何人都可以有自己的活动范围，而且根据自身发展的特点可以在任何部门工作，社会公共机构调节着整个生产，能力强的人可以自愿地参与更复杂的工作，人们以个体愿意为主的同时也会根据社会的需要去参与社会协调的功能，"因而使我有可能随自己的兴趣今天干这事，明天干那事，上午打猎，下午捕鱼，傍晚从事畜牧，晚饭后从事批判，这样就不会使我老是一个猎人、渔夫、牧人或批判者。"

四、未来将是个消费与做梦的时代

在智能时代，人工智能能够承担起人类不想干的任何工作。人类将第一次彻底从被迫劳动中得到解放。劳动变成了人类自我探索的过程，它给了我们前所未有的自由，从肉体到精神的自由。我们不再需要为吃什么、穿什么而烦恼。无须再为没有时间而烦恼。人工智能将促进新经济的加速发展，使商品极大丰富。

目前，人工智能越来越多地出现在生产、生活的各个领域，中国工业正迎来以数字化智能制造为核心的生产变革。一场由"中国制造"变为"中国智造"的浪潮正在掀起。包括发展机器人、无人机、自动驾驶汽车、智能硬件、新型显示、移动智能终端、先进传感器和可穿戴设备，建设数据中心、物联网、智能电网、智能交通、智慧物流、智慧城市，人工智能正在渗透到经济的各个方面，并将成为未来经济发展的新引擎。人工智能领域将吸引更多投资。

　　而真正令人期待的还是人类的最终走向。人是否会与人工智能结合，成为超级人类，彻底摆脱人类出现以来的历史轨迹。人工智能发展早期，人们普遍认为人工智能就是遵照人类逻辑思维进行思考的计算机程序，这是一种仿生学的直观思路。当前，深度学习盛行，人类走向了实用主义，在科学原理不甚清楚的时候，不苛求说清楚、讲明白的理论框架，反复的工程实践与创新若被证明有用，那就足够令人满意了。"黑猫白猫，逮住耗子的就是好猫。"未来，随着基础研究的不断深入，人类一旦掌握了智能密码，实现人、机、物三元世界融合，我们有可能窥探造物者的秘密。当然，这也会给人类带来前所未有的挑战。

　　未来，人工智能核心技术的突破将大大加快，以前不敢奢望的众多用户需求将因为得到技术支撑而得以实现。如同手机、计算机成为人们的日常消费品一样，随着无人机、服务型机器人、医疗机器人、智能驾驶汽车、可穿戴设备等产品的产业化，一大批与人工智能相关的新消费需求也将被有效激发，有数据显示，这将是一个以万亿元计的庞大市场。

Part 2

第二部分

人工智能大辩论

—

　　人工智能的奇点在哪里，何时会取代人类？未来，人工智能能否具备人类意识？能否进行艺术创作？人工智能时代，网络犯罪是增加了还是减少了？舆论影响容易了还是更难了？我们是否还有工作机会，是否还能掌握战争的决策权？这些问题既重要又模糊，希望通过正反两方的辩论使大家更深入地思考这些关乎人类未来发展的问题。

—

第四章

人工智能的奇点
在哪里

"奇点"一词源于数学和物理学。"奇点"在数学中指破坏函数连续性或未被定义的点，在物理学中是指时空中时空曲率变成无穷大的点。达到奇点状态时，一般规律将不再适用，对于事件视界一侧的人来说，另一侧是无法知晓的。这里，奇点被用来指代超人工智能到来的神秘时刻。

1993 年，作家兼计算机科学家文纳·文戈发表了一篇文章，这篇文章首次提到了人工智能的"奇点"。而这里所指的"奇点"并不是广义上的，而是指未来某一天机器将变得比人类更聪明，甚至会取代人类，主宰人类世界，被称为"即将到来的技术奇点"。文戈预测，在未来 30 年内，人类将拥有创造超级人工智能的能力。他写道："不久之后，人类时代就会结束。"这是一个警告，和现如今特斯拉 CEO 马斯克所担心的一样。正如物理中奇点既存在又不存在一样，人工智能的奇点会不会来、何时到来，众说纷纭，下面是主要的两种观点。

一、正方：技术加速，奇点 2045 年到来

1. 科技进步不是线性的，从量变到质变可能是跳跃式的

人类科技发展是越来越快、不断加速的。如果把人类 6000 年左右的文明史浓缩到 24 小时，那么凌晨时分发明文字，20 点才发明活字印刷术，蒸汽机、电力分别在 22:30 和 23:15 发明，23:43 计算机问世，

23：54互联网出现，最后10秒钟，迎来以AlphaGo为标志的人工智能时代。技术发展在时间维度上是不断加速的。从战胜人类的跳棋程序，到国际象棋用了35年，到围棋用了19年。AlphaGo的版本迭代只需几个月，但功能上实现了重大升级。

强人工智能一旦出现，会迅速向超人工智能转变。一旦具备了人类的认知和学习能力，计算机可以借助比人类强大得多的计算资源、网络资源和知识库，以永不疲倦的方式无休止地学习、迭代、提高，并在令人吃惊的极短时间内完成从强人工智能到超人工智能的跃升。

2. 机器学习与指数增长将触发人工智能意识的诞生

当前，运用深度学习等算法，人工智能已经实现自我学习能力，这种能力与计算机的摩尔定律的指数增长和大数据的爆炸式增长结合将使人工智能快速发展，其能力将以指数增长的方式变化。指数增长的变化之快可能超出人类的想象。虽然机器学习现在还发展得较缓慢，但是在未来几十年就会变得飞快。例如，奇点理论的提出者、谷歌的技术总监雷·库兹韦尔等认为，唯一被低估的其实是指数级增长的潜力。事实证明，快速增长之后，必然发生从量变到质变的跃升。而这种质变很可能就是意识的诞生。

地球生命从单细胞到多细胞，从海洋生物到陆地生物，从爬行动物到哺乳动物，从大猩猩到人，每一次的跃升与目前的人工智能到产生自主意识的跨度谁更大？既然单细胞最终能发展成为人，那么目前的人工智能产生意识又有什么不可能呢？

3. 多数专家调查认为 2040 年可能出现强人工智能

雷·库兹维尔认为，人类正在接近一个人工智能超越人脑的时刻，届时人类（身体、头脑、文明）将发生彻底且不可逆转的改变。他认为，这一刻不仅不可避免，而且迫在眉睫。根据他的计算，纯粹的人类文明（人类纯文明）的终结是在 2045 年。这一理论得到了不少人的拥护。

自然演化花了几亿年时间发展了生物大脑，按照这种说法，一旦人类创造出一个超人工智能，我们就是在碾压自然演化。当然，可能这也是自然演化的一部分——演化真正的模式就是创造出各种各样的智能，直到有一天有一个智能能够创造出超级智能，而这个节点就好像踩上了地雷的绊线一样，会造成全球范围的大爆炸，从而改变所有生物的命运，如下图所示。

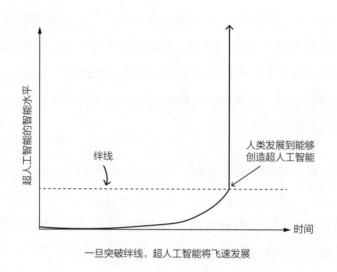

一旦突破绊线，超人工智能将飞速发展

同样，牛津大学哲学系教授尼克·博斯特罗姆（Nick Bostrom）在2013年做了个问卷调查，该调查涵盖了数百位人工智能专家。问卷的内容是"你预测人类级别的强人工智能什么时候会实现？"，并且让回答者给出一个乐观估计（强人工智能有10%的可能性在这一年达成）、正常估计（有50%的可能性）和悲观估计（有90%的可能性）。当统计完大家的回答后，得出了下面的结果：

乐观估计中位年（强人工智能有10%的可能在这一年达成）：2022年

正常估计中位年（强人工智能有50%的可能在这一年达成）：2040年

悲观估计中位年（强人工智能有90%的可能在这一年达成）：2075年

所以，按照正常估计，更多的人工智能专家认为2040年我们能实现强人工智能，而2075年这个悲观估计表明，如果你现在够年轻，有一半以上的人工智能专家认为在你的有生之年能够有90%的机会见到强人工智能的实现。

二、反方：原理尚未突破，还没有具体时间点

如果把50～100年作为可预测的未来的尺度，超人工智能诞生并威胁人类发生的概率是极小的。

1. 人工智能的发展有点像狼来了的故事

从20世纪50年代至今，人工智能经历了三次发展热潮。每次热潮来临时，人们都惊呼"人工智能来了""再过几十年甚至几年机器人会超越人类"。但每一次，随着热潮退去，机器人还是受人控制的机器，人类

还是地球唯一的智能生命体。不管是第一次发展浪潮的符号主义，还是第二次发展浪潮的神经网络，或者是目前的深度学习技术，其解决问题的范围都是有限的，并不能把人工智能在具体领域的优势扩大到所有方面。火车比人跑得快，或者计算机比人计算能力强，并不代表其具备人类的思考能力。每次都喊人工智能要超越人类了，还能值得相信吗？

弱人工智能只是一种技术工具，强人工智能可以胜任人类所有工作，超人工智能是最模糊也最难以想象的智慧存在。目前已研发或正在研究中的各项人工智能，还远远未达到真正能推理和解决一般性问题的通用人工智能的程度，都仍处于弱人工智能阶段。目前，人工智能做不到的还有很多，比如著名的图灵测试——让测试者和计算机通过键盘和屏幕对话，看测试者是否能分清楚幕后的对话者是人还是机器。其本质是指计算机在沟通中能表现出与人相同的智能。

早在1966年，就出现了和人对话的小程序ELIZA，它被设计成一位通过谈话帮助患者恢复的心理治疗师。50年过去了，测试中表现最好的聊天机器人程序尤金·古斯曼也只能在5分钟的时间内让33%的评判者误以为它是一个13岁的孩子。即使像微软小冰这样跟4200万人进行了200多亿次对话的机器人，距离通过图灵测试还有很长的路要走。目前基于深度学习的人工智能，只是在某些领域实现了功能上的类似，而且是以"知其然、不知其所以然"的形式。要想真正进入"强人工智能"阶段，计算机就必须具备跨领域推理、抽象思考、常识、自我意识、审美与情感等更复杂的能力。

2. 这波热潮的基础是数据、算法和算力的提升，特点是商业化应用的实现

2016年3月AlphaGo与李世石进行围棋对弈并获胜，一时间成为世界瞩目的焦点，许多人惊呼人工智能要超越人类，成为具备思考能力的"超人"。然而，随着更多细节的披露，人们发现计算机并不是像人类一样"下棋"或者具有"智能"，本质上只不过是用穷举或优化搜索的方式来做计算。今天人工智能之所以取得比以往更好的成绩，并非原理上的突破，而是大数据的爆发、算法的优化和计算机算力的大幅提升，从而使人工智能实现商业化应用的结果。

20世纪80年代就已提出Hopfield神经网络和BT训练算法，并出现了语音识别、语音翻译计划。但当时的数据资源和算力不能支撑其实现商业化应用。今天的人工智能热潮最大特点就是人工智能在语音识别、机器翻译、人脸识别等多个领域的表现，基本达到或超过了一般人的平均水平，从而真正做到"实际可用"，能被认可。正是因为方法改进带来可用性的提高，人工智能的算法和技术开始应用于实际场景，解决实际问题。在产业层面实现真正的落地，发挥和创造出切实的价值。某种程度上，可以认为前两次人工智能热潮是学术研究机构主导的，这次是商业需求主导的。前两次是舆论界在炒作、学术界在游说政府和投资人给予关注，而这次是政府与资金主动向富有希望的学术和创业项目投资。前两次更多的是提出问题，而这次更多的是解决问题。

大家一致认为这波人工智能之所以成功，是基于三个因素，一是大数据，二是计算能力提高，三是有非常好的人工智能算法。除此之外，

还有一个因素是被大家所忽略的，即人工智能必须建立在一个合适的应用场景下。人工智能应用应满足几个条件，首先必须有丰富的数据或知识，如果没有，或者很少，不用来谈人工智能，因为无法实现无米之炊。另外，还有确定性信息、完全信息等。

3. 基础理论并未实现突破，谈突破门槛为时尚早

应用的实现给人一种幻觉，好像人工智能理论产生了巨大突破，其实本质的技术突破并未发生。我们要把数量和速度上的超级智能和质量上的超级智能区分开。很多人提到和人类一样聪明的超级智能的计算机，第一反应是它运算速度会非常非常快——就好像一个运算速度是人类百万倍的机器，能够用几分钟时间思考完人类几十年才能思考完的东西。超人工智能确实会比人类思考的快很多，但是真正的差别其实是在智能的质量上而不是速度上。用人类来做比喻，人类之所以比猩猩智能很多，真正的差别并不是思考的速度，而是人类的大脑有一些独特而复杂的认知模块，这些模块让我们能够进行复杂的语言呈现、长期规划或者抽象思考等，而猩猩的脑子是做不来这些的。就算你把猩猩的脑子加速几千倍，它还是没有办法在人类的层次思考问题，它依然不知道怎样用特定的工具来搭建精巧的模型——人类的很多认知能力是猩猩永远比不上的，你给猩猩再多的时间也不行。人工智能也是如此，其能处理的数据更多了，速度更快了，但人类思维的本质性却没有解决，意识产生的关键模块也没有发现。微软创始人保罗·艾伦、心理学家加里·马库斯、NYU的计算机科学家欧内斯特·戴维斯，以及科技创业者米奇·卡普尔认为库尔茨维等思想家低估了人工智能的难度，并且认为我们离绊线还很远。

颠覆性的创新往往需要科学原理方面的巨大发现。基于深度学习的人工智能是一种"知其然、不知其所以然"的实用方法，在大数据与强大计算能力的支持下发挥了很好的作用。但物理学、生物学等基础科学对人类智慧、意识、思维等尚缺乏精确的描述。当然，不论基本原理，瞎猫碰上死耗子，靠深度学习一门功夫包打天下的可能性也是存在的，只不过其概率低到几乎可以忽略不计。

诚如航天技术的发展历程，由于未能实现科学原理方面的重大突破，一个世纪以来只能在工程实践上有限度地发展。人工智能也是如此，由于我们还看不到科学原理方面实现重大突破的可能性，在可预见的将来，它都只是人类的工具，很难突破超人工智能的门槛。

4. 技术加速是个错觉

很多人认为我们处于技术大爆炸时期，技术呈现加速发展态势。但仔细研究，却发现事实并非如此。为了更好地说明技术发展速度问题，首先让我们把当前的技术发展放在人类历史长河来看，明确几个概念的区别。

1）某领域的快速发展并不代表整体科技的快速发展

技术发展有周期性，总体上的快速进步不代表在特定领域总能保持加速态势。更有可能出现的情况是，特定领域在一段时间的加速发展后，会遇到某些难以逾越的瓶颈问题。比如摩尔定律在1975年到2012年基本保持准确，但2013年前后芯片的处理速度却显著放缓。从弱人工智能到强人工智能的发展道路上，基本不可能一帆风顺，两者之间的鸿沟有可能比我们目前所能想象的要大得多。

过去40年，IT技术大爆发和大普及，导致摩尔定律变成了科技发展的代名词。但IT技术的进步并不代表整体科技的发展。IT技术的大爆炸掩盖了科技树主干进展的贫瘠无力。IT技术的大部分创新属于交流娱乐类，也许在文明不扩张的前提下能使人类更快乐，但建立在图灵机上的虚拟世界永远不可能重构真实世界。文明生存效率的改进依赖的能源技术并没有发生革命性变化。美国经济学家、乔治梅森大学经济系教授泰勒·考恩：从20世纪70年代开始，人类的科技进入了一个"高位停滞期"。人类许多的重大科技发明，如电、电话、汽车、火车、飞机、打字机、照相机、药品器材等发明都是在1940年以前完成的。在此之后，除了信息技术（比特）的一骑绝尘，其他科技（原子）都没有出现划时代的突破——"我们的今天除了看上去很神奇的互联网，广义的物质生活层面并没有比1953年强很多。"况且，对大多数行业来说，互联网只是一个附加值，没有从根本上产生革命性的变化。

我们认为，很多专家对超人工智能来临时间的预测，带有极大的主观臆断色彩，2030年、2045年、2050年这些随口而出的年份，会经过媒体放大导致民众的误解甚至恐慌。其实在今天这个弱人工智能的时代，人类对于人工智能或者智能本身的认识是很肤浅的，这也导致了包括霍金、马斯克在内的许多人，在描述超人工智能对人类的威胁时，有意无意地混淆不同领域的标准。而大众存在"人工智能人格化"的倾向，这也是奇点问题得到关注的主要原因。在人工智能领域，大多数人倾向过于乐观地预测全局形势，过于悲观地估计局部进展。智慧医疗、自动驾驶、围棋程序，比很多人之前预料的要更早到来。但人工智能整体发展，尤其是重大技术甚至原理突破，实际上比多数人预测的要缓慢得多。历史上两次人机博弈如此，早期对图灵测试乐观的估计如此，今天的情况也一样。

2）技术进步并不一定是技术革命

技术革命与技术进步不同，前者意味着一种划时代的新技术的发明，及其所导致的"根本性创新"的出现。所谓根本性创新，是指那种能够导致投资高潮、产业结构发生变革的技术创新。从技术轨道来看，单个技术系统的革命实质上是从一种技术系统的发展轨道跳跃到另一种技术系统发展轨道上去，因此技术革命是技术发展史上不连续的重大事件。计算机技术的更新换代，从单核到双核，从640KB内存到4GB内存，软件版本的升级，Windows 95、Windows 98、Windows XP、Windows 7只是技术改进；过去40年中，IT是唯一取得巨大飞跃的技术领域，深深影响了人类社会。很多人沉迷于手机计算机的翻新换代，以至于没有发现IT技术在深度上也遇到越来越多的问题。目前所有计算机的鼻祖都是图灵机，事实上，现在最新计算机的工作原理，和50年前的计算机没有什么大的差别。20世纪80年代，日本曾经宣称要发展第5代"智能"计算机，现在也偃旗息鼓了。越来越多的学者认识到，很多问题不能靠摩尔定律堆叠计算能力来解决。技术的改进并不必然引发技术革命。

库恩认为，传统的关于科学本质的进步性质以及知识的不断积累增长的观点，不管怎样的言之成理，都不能说明历史研究中所呈现出来的实际情况！科学知识不是累积的，科学的历史是由那些极具洞察力的新思想推动的。如果说"常态科学"是缓慢、连续、稳定和积累的变化，那么"科学革命"或"范式转换"则是极少发生却又极有意义的变化。"婴儿科学"常常是从少部分人那里探索出来的，如伽利略、牛顿、达尔文、爱因斯坦等。"常态科学"只是在科学首创确立以后的"精湛化"。

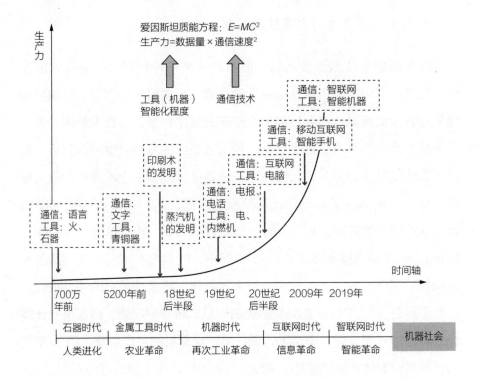

因此，目前的人工智能只是技术进步，远未达到技术革命的程度，也没有产生意识的迹象。

3）指数增长不可持续

摩尔定律是于1965年由Intel公司创始人戈登·摩尔著文提出的，他指出芯片中晶体管的数量每年都会翻倍，半导体的性能与容量将以指数式增长。1975年，他又修正了该定律为：每隔24个月晶体管的数量将翻倍。晶体管数量翻倍带来的好处就是：更快、更小、更便宜。这就引出了摩尔定律的经济学效益，因为对芯片来说，集成度越高，晶体管的价格就越便宜。这样一来，芯片上各部分的成本会随着技术的发展不断下降。

那么，摩尔定律是否能一直这么持续下去呢，而半导体产业的钱也是否能一直这么好赚呢？显然，答案是否定的。曾有人把科学领域比作一个果园，而科学革命、技术革命则是科学家们栽下的果树，革命后的几年甚至几十年，在另一次革命发生之前，人们只是在摘前人栽种的果树上的果实。而到了人类科技的瓶颈期，就像是果园里所谓"低垂的果实"都已经被摘完了，剩下的全都是难摘的果子。正如现在将近末期的摩尔定律，集成电路的发展也不会像以前那样一帆风顺，继续沿一条路发展的难度会越来越高，生产成本的降低也变得不再那么容易。摩尔定律的提出者戈登·摩尔提到，这将会是一个技术消亡的问题，终究会达到物理极限，人们不可能继续将晶体管做得更小，而这就是摩尔定律真正终结的时候。如果没有发生再一次科技革命的话，未来很可能是一个科技发展的停滞时期，到那时，或许人们并不会发觉什么，或者只是发现自己生活中所用产品的更新速度不再像以前那么快了。其实，从实质上看，产业的成长是明显放缓了，产品的更换周期也延长了，这些都是科技大停滞导致的后果。

5. 阈值点的突破不是自然而然的

在绝大部分人的心目中，工业革命是一种自然而然的变化，时间够了，蒸汽机自然会出现，自然会推动工业文明的发展。但事实是，工业文明的诞生需要越过一个关键的阈值点。据估算，一万年前地球上疏散地分布着1000万原始人类。但在大约10000年前开始，农业、马匹、车轮、冶金、文字所代表的一次技术革命，把人类从蒙昧时代解放出来，对世界的改造远超之前的原始社会。关键技术进步体现在农业上，人类首次能够主动地固定太阳能。新的负熵流使得人类社会世代繁衍并逐步脱离蛮荒状态，建立起秩序井然的农业文明。华夏文明是农业文明的集大成者，但却并没有率先产生工业革命。蒸汽机的原理并不复杂，英国科学家李约瑟曾提出一个著名论断：蒸汽机＝水排＋风箱。他想用这一公式说明，没有中国古代技术成就，西方近代革命的心脏——蒸汽机是不可能发明的。从蒸汽机的关键结构看，"风箱"解决了双作式阀门问题，而"水排"则提供了直线运动和圆周运动之间的转换设备。"风箱"在我国宋代发明，尔后传到西方，18世纪在欧洲普遍应用；而"水排"1900多年前就在我国出现，《后汉书·杜诗传》中有明确记载。从这个角度看，我国古代先进的技术已经为蒸汽机发明打下了基础，但最早发明"风箱"和"水排"的中国人却没有制造出蒸汽机。同样，目前的工业文明的发展也不必然产生更高级的文明形式。文明跃升到达阈值点需要多方面的综合因素，这些条件何时同时出现也带有一定的偶然性，时间或可以长达几千年（如农业文明的延续时间），也可能长达几万年（如农业文明之前的人类状态）。因此，预测人工智能变成超人工智能，具有人类意识，甚至成为一个新的物种，还为时尚早。

第五章

人工智能是否具有人类意识

2015年3月，美国哲学家、语言学家、认知学家、逻辑学家、政治评论家，麻省理工学院教授艾弗拉姆·诺姆·乔姆斯基与美国理论物理学家劳伦斯·克劳斯对话时被问及"机器可以思维吗？"，他套用计算机科学家艾兹赫尔·韦伯·戴克斯特拉的说法反问："潜艇会游泳吗？"如果机器人可以有意识（consciousness）的性质，机器人可以被认为有意识吗？

一、正方：技术发展，人工智能将具有意识

1. 计算机具有和人脑类似的结构

计算机是人工智能的硬件基础，是一种具有强大数据处理能力的设备，它的结构和人脑的结构类似。计算机主要具备以下部件。

（1）输入设备，相当于人的感知器官，如眼睛、耳朵和皮肤等。传统的计算机输入设备包括鼠标和键盘，它需要靠人通过感知器官获取自然界的数据之后，输入到计算机中，才能进一步进行数据的运算和处理。随着技术的不断发展，计算机的输入设备已经不仅仅是传统的鼠标和键盘，还包括图像采集设备、语音识别设备、压力感知设备等传感器，可以直接模拟人的眼睛、耳朵、皮肤等，因此图像处理技术、自然语言识别技术使它们对外部数据的获取逐步脱离了对人的依赖，上升为

与人的器官对等的地位。

（2）存储器，相当于人脑的记忆功能，将从外部获取的数据和信息存储起来，是计算机的记忆装置。计算机的数据按照一定的数据结构进行存储，便于对数据的查询及检索。计算机存储器的存储容量越大，表明计算机的记忆能力越强。随着技术的不断发展，计算机还可以通过互联网，将数据存储在云端，实现更大的海量数据的存储。

（3）运算器，是计算机用于加、减、乘、除算术运算以及与、或、非、异或等逻辑运算，实现数据处理的核心部件，类似于大脑的运算功能。运算器的处理对象为数据，数据处理的长度和能够表示的字长极大影响了计算机的数据处理性能。通用计算机能够并行处理的字长可达64位。另外，运算器的运算速度也是其性能的重要指标，即1秒内能够完成的运算的次数。高性能的运算器使计算机具有了高速数据处理能力。随着半导体技术的不断发展，运算器的性能也会不断提高。

（4）控制器，是用于控制计算机的各种操作的执行，协调各个部件之间的工作一致性，是计算机的中枢神经系统。控制器控制计算机读取内存数据，通知运算器处理数据，将处理后的数据写入内存中等。控制器的功能类似于人脑的控制功能。

（5）输出设备，包括各种声光显示、伺服运动等部件，可以将数据处理的结果输出到外界。输出设备类似于人的四肢和嘴巴等。

上述五部分组成了计算机的硬件系统，具有和人脑类似的结构，为人工智能意识的产生奠定了其硬件基础。

2. 自然界的事物具有辩证统一的规律

人类智能的发展经历了相当漫长的历史过程，从远古社会的钻木取火、刀耕火种到现代社会的高度的物质文明和科学技术的发展，都是人类不断发展、不断进步的结果。人类为了解决自身的衣食住行等基本生活生存需求，不断地创造发明，利用各种工具对自然界进行改造，并获取生产和生活资料。人类的智能也在这一改造过程中不断得到提升，人类智能是意识产生的基础。人工智能是在人类智能发展到一定阶段产生的，伴随着人类科学技术的不断进步。人工智能的目的是代替人类从事各种体力和脑力劳动，创造更多的社会财富。

从哲学的角度来讲，物质世界具有辩证统一的自然规律。辩证统一是辩证唯物主义的基本观点，即自然界的事物具有对立统一的关系。计算机和人脑既有不同点，也有很多相同点，比如均从外界获取信息，经过运算处理，对外界输出一定的信息。人类的认识也是在改造世界、认识世界的过程中不断变化发展的，因而计算机也具有从自然界获取知识的能力，并不断进行自我校正、自我改变。相信随着科学技术的不断进步和发展，人类对自然界的认识也会进一步深入和完善，人类意识产生的规律也会被逐步发现和模拟。

计算机的各种能力随着科技的进步不断得到加强，相信随着生命科学、计算机科学的发展，实现人类的意识只是时间问题。

二、反方：意识是人类特有的，人工智能只是技术进步，将不会产生意识

1. 人工智能不具备生命的本质特征

随着计算机技术、控制技术、仿生学及人工智能技术等多学科的快速发展，具有复杂智能的机器人逐步发展起来，具有跟人类器官类似功能的模拟器官，能够完成对外界实物的感知，对复杂信息的处理，并控制肢体等完成复杂精细的操作和语言输出。随着科学技术的发展，也许能够产生更加智能的机器人，能够适应环境的变化等。但是从本质上说，人工智能的实现还是由硬件和软件构成的。模拟器官由硬件组成，主要包括处理器、存储器、集成芯片、电阻电容等元器件。思维由软件决定，按照人类事先设定的程序运行。从这个角度来说，具有人工智能的机器人仍然是由机械、电子、软件组成的冰冷的设备，仍然靠电力来运行，不具备新陈代谢功能，没有生命的本质特征。

人脑具有十分复杂的结构，包括大脑、小脑、间脑和脑干，它们相互联系而又各司其职。大脑分为左右两个半球，由胼胝体相连，胼胝体是由神经纤维组成的。大脑半球表面有许多弯弯曲曲的沟裂，称为脑沟，中间凸出的部分称为脑回。被覆在大脑半球表面的灰质称为大脑皮层，其中含有许多锥体形神经细胞和其他各型的神经细胞及神经纤维，成人的大脑皮层约含有140亿个神经元胞体，它们之间有广泛复杂的联系，是高级神经活动的中枢。每个神经元相当于一个微型信息处理系统，要与其他近1000个神经元构成复杂的神经网络，而且单是胼胝体就含有2亿条神经纤维，每条神经纤维内以高达400千米/小时的速度传递着神

经冲动，使得两个大脑半球的总通信量达到每秒40亿次，从而构成了人脑巨大的能力。而实际上，人脑的复杂程度可能远超我们的想象。

人工智能是机械的物理过程，不是生物过程。它不具备世界观、人生观、情感、意志、兴趣、爱好等心理活动所构成的主观世界。而人类智能则是在人脑生理活动基础上产生的心理活动，使人形成一个主观世界。因此，计算机与人脑虽然在信息的输入和输出的行为和功能上有共同之处，但在这方面两者的差别是十分明显的。人工智能是基于计算机技术发展起来的，其物理结构、运行原理以及复杂程度均具有本质的区别，人工智能不具备生命的特征，无法产生人类大脑所具有的意识。

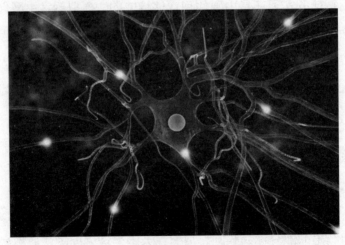

大脑神经元

2. 人工智能不具备创造性

对于相同的事物，两台智能机器获得信息量是相同的，而两个人获取的知识却大不相同。计算机只是按照预先设计好的程序和规则对输入的数据进行处理和运算，得到最终的运算结果。随着半导体技术的不断发展，处理器运算速度越来越快，其数据处理能力不断提升，在海量数据处理运算方面，计算机的速度远超人脑。由于计算机的高速运算能力，可以在短时间内得出比人脑更优的答案。但这并不能说明人工智能具有人类意识。

计算机对于未经事先设置的情况，无法得出正确的结果，相当于程序遇到了意外情况。而人脑遇到这种情况，则将进行特定的思维活动，进行各种试验活动，对自然界的未知事物进行探索，人类对于自然界的某些发现往往是一个偶然探索的过程，往往起源于某些天马行空的想象。计算机得出新的结果往往是在事先设定的规则的基础之上，缺乏对新事物的探索和创新，仍然没有超出人的工具的范畴。

人工智能在解决问题时，不会意识到这是什么问题，解决该问题有什么意义，将会带来什么后果？计算机没有自觉性，是靠人的操作完成其机械的运行机能；而人脑智能、人的意识都有目的性、可控性，人脑的思维活动是自觉的、能动的。可以说人工智能是一种被动式的智能活动，而人脑智能是一种主动式的智能活动。因而人工智能没有创造性，而人脑功能具有丰富的想象力，能够不断发掘新的思路，提出新的概念，发现新的规律，创造新的实物，更具有创造性。

3. 人工智能不具备社会性

人类的意识具有社会性，意识的产生是一种自然过程，也是在长期的社会活动中形成的。人类的意识是由人脑产生的，在长期的社会实践中，意识又促进了人脑的不断发育。人脑功能的思维能力，是通过社会的教育和训练、通过对历史知识的学习逐步积累形成的。而人类的各种情感、世界观、人生观的形成也与社会有关。尽管当前人工智能可以利用神经网络理论等不断进行学习，但是所谓的学习，也是按照人类事先设计的规则进行，其复杂程度远不及人脑的复杂度。

两台相同的智能机器通过相同的神经网络学习，往往会得到相同的能力；而两个不同的人脑经过相同的学习，所产生的结果往往天差地别。人工智能并不具备社会性，它还是根据某些特定的输入、遵循特定的规则、产生特定的结果的过程。而人类在社会活动中意识的产生，则受诸多因素的影响，其产生的规则是不确定的，并且每个人的社会经历也是不相同的。而人类意识往往受社会因素的影响较大，因而也形成了社会上形形色色的人类个体。

从长远发展来看，人工智能必将越来越向人类智能靠拢，在运算速度和准确度，以及感觉和反应能力方面甚至可能超过人类智能。人工智能归根结底是人创造的为人服务的机器，仅仅是一种从事生产劳动的工具，它们永远也不可能具有像人那样的情感、意识等精神世界，所以它们永远也不可能与人类的意识等同起来。

Part 2

第六章

人工智能是否会导致人类大规模失业

在20世纪的中国还存在弹棉花、铁匠、磨坊工、流动照相、背夫、（马）车夫、纤夫等职业，如今都已消失在历史的长河中。这是技术的进步，同时也是人类重新选择定位的过程。未来，人工智能不断发展，人类赖以生存的职业又将发生哪些变化，是机遇还是挑战？是人类无所事事还是人类从事更高级的工作？

一、正方：人工智能将使很多职业成为历史，并带来大规模失业潮

1. 企业有利用人工智能降低人工成本的冲动

当经济学家讨论推动增长的因素时，他们经常会谈到诺贝尔奖得主罗伯特·索洛提出的索洛增长模型。这种模型描述了某经济体中存在的生产函数，换句话说，它是一种可以展示某个经济体是如何实现经济增长的框架。实际上，这个模型非常简单，只需要输入三个变量，即资本（K）、劳动（L）和技术（A）即可。如果用方程式表达，即 $Y = F(K, L, A)$。这就意味着生产变化（Y），是函数 F 中 K、L 和 A 三个变量共同作用的结果。对于企业来说，资金总是有限的，而劳动力的增长在步入老年化社会后增长也比较缓慢，甚至可能负增长。而技术的进步还远未停止，特别是人工智能技术的发展，将大大提高生产率。在相同的产出下，企业需要投入的成本大大降低，每个企业都有利用人工智能降低人

Part 2

工成本的冲动。许多地区原本需要大量人工劳动力的工厂现在也纷纷换上了机器人来操作。机器人虽然购买成本很高，但它大规模开展工作为企业创造了巨大的效益。它不仅大大节省了人工劳动力，工作效率还非常高。于是人们会担心机器人会变成一种威胁。其实这种担心也并不是没有道理的，这种情况确实让人堪忧，特别是身在底层的农民工。以前许多纺织厂、电子厂都需要大量的劳动力，许多农村劳动力纷纷抛下土地进城打工挣钱谋生，而现在许多领域都引入了机器人来完成工作，那些没有学历、没有技术的人难免会面临失业危机，那么这部分人该何去何从呢？有哪些领域可以为他们提供足够的工作岗位呢？这确实是一个值得我们深入探索的现实问题。

2. 人工智能带来的生产力与生产关系的改变

在 $Y = F(K, L, A)$ 方程式中，人工智能既代表了技术进步（A），也在逐步替代劳动者（L），成为企业主眼里新的劳动者。这就是为什么随着人工智能的能力越来越强，以前的高智力就业也开始面临危机。工业革命把手工工匠的工作转化成大量常规工作（如生产线工作），但是人工智能革命将彻底取代这些生产线工作。人工智能已经不再像以前的技术那样需要人与技术的配合，而是彻底把人类排除在生产之外。以前的技术进步提高了单位劳动力的生产效率，导致产出的增加。而人工智能技术的进步确实在排除人类的同时提高产出。这样的演化最终将使人类失去大部分的工作。

李开复说过真正的具体情况，我们现在不能一味地乐观。在工业革命期间，一些工作消失，但其他工作也在同时诞生。社会维持了平衡。

比方说，一个制造整辆汽车的人走进了流水线，与其他28个人以更高的效率生产汽车。更多的汽车被生产出来，这就形成一个良性循环。最终，它创造了历史级的就业繁荣，尽管也有一些人失业。

而在AI革命中，大部分职业中的人就是被彻底地淘汰了。你无须创造一个中间商岗位来监督证券交易，你也不需要人类高管查看每笔贷款进行的情况。我们必须接受我们在消灭工作的事实，而且我们不能用天生的乐观态度和工业时代的经验，来期望AI会创造工作。AI不会相应地创造工作，它只会纯粹地消灭就业。消失的工作数量、工作类型，以及消失的速度，与工业时代会十分不同。

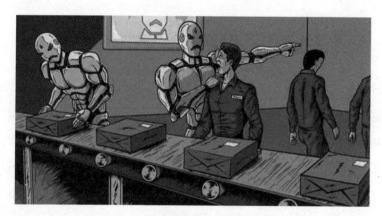

人工智能代替工人漫画

3. 人工智能能力越来越强，人类技能面临危机

人工智能发展很快，功能越来越强；越来越强的人工智能可以完成只有人类才能做的工作，代替人类胜任很多工作岗位，造成大量失业。要想分析哪些职业将被取代，主要看人工智能在哪些方面将取得显著发

展，从而可以以更低的成本、更高的效率完成这些工作。可以说，未来，人类的失业史就是人工智能的技能发展史。

目前，珠江三角洲地区出现的"机器换人"体现了这一趋势。未来，随着人工智能技术的成熟，越来越多的工作均可以由机器代替人，这一清单会越来越长。根据金融服务公司基石资本集团最新发布的研究，未来十年内美国零售行业600万～750万个现有工作职位将面临被取代的风险。这至少相当于美国零售行业现有员工总数（1600万）的38%。研究指出，实际上若按比例计算，美国零售行业所遭受的职位损失可能会超过制造业的。从感知领域的语音交互和视觉识别，到分析领域的智慧医疗，再到服务领域中的无人驾驶汽车和安防等，人工智能正在渗透和改变人类生活的各个方面。不出15年，驾驶、电话销售、卡车司机甚至是放射科医生等类似工作和事务也将被人工智能取而代之。

从重复性到准结构化再到非结构化的逐步替代。传统意义上的机器人只进行死板、重复性操作，并不需要任何逻辑。然而，随着人工智能技术的进步，可能会将逻辑和适应性扩大到准结构化的应用场景中。下图展示了波士顿咨询集团开发的一个框架，它将机器人和人力的劳动优势分别进行了比较，同时还预测了接下来机器人所掌握的技能可能发展的方向。人工智能替代人类大致分为三个阶段。第一阶段替代重复性的劳动；第二阶段通过大数据和算法替代对于人类复杂但对计算机简单的准结构化的体力和脑力劳动；第三阶段替代人类日常大部分的体力和脑力劳动。

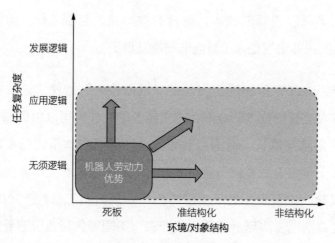

波士顿咨询集团劳动力优势框架

科技的发展和人工智能的普及永无止境，自然力替代人力的过程将会一直进行下去，直至有一天"自然力"喧宾夺主，最终全面取代人类在各行各业的劳动。这样的情形正在展开："波尔州立大学（Ball State University）的一项研究显示：2000—2010年，有560万个美国制造业岗位消失，几乎90%是因为自动化，而非贸易。情况还可能更糟：咨询公司麦肯锡（McKinsey）估计，随着自动化模式扩大到服务业，在目前由人类完成的工作中，有45%可能会实现自动化。这相当于数以百万计的就业岗位和2万亿美元的年薪。"

1）替代简单、重复性的劳动

机器人的迅速发展使得传统制造业不再需要大量工人，智能流水线的出现让工人们从繁重、重复的体力劳动中解脱出来，智能调节厂房内的各项指标，分配资源，从而实现无人厂房。这一阶段，制造业蓝领工人被逐步替代。上海市青浦工业园区的晨讯科技集团手机和通信模块制造厂、天津的宜科赛达智能制造综合运营平台都实现了智能无人车间。

2017年，晨讯科技集团手机和通信模块制造厂无人车间规划了四条"手机通信主板自动测试线"，手机主板可在流水线上完成从下载到校准的工序，全程只需要1~2名维护人员。在自动化流水线上，机械臂将不同模块载入不同的检测系统，大大节约成本的同时，更保证了产品的质量和精度，机器的差错率几乎为零。通过"机器换人"，至少60％的岗位被替代，大量工人将失去工作，而对于厂商来说，投资的生产线两年便能收回成本。

晨讯科技集团无人车间的一角

2018年，宜科（天津）电子有限公司的全真模拟的智能化操作车间通过自动化、信息化、物联网的融合，实现全程自动化，可以通过机械手进行原料选择，由AGV智能运输车辆通过二维码导航将货物送到指定工作区域进行多步加工，并能对现场生产管理、工艺管理系统等生产数据进行采集，通过手机APP了解生产进度情况，一旦出现故障，可通过系统报警第一时间解决。宜科正在与一汽大众进行合作，未来可能应用到汽车的生产车间，一旦实现，400多万的从业人员将面临失业的危险。

宜科（天津）电子有限公司的数字化装备车间

2）替代准结构化的体力和脑力劳动

货架管理和库存控制之类的劳动密集型工作岗位，也将随着货架机器人的出现而逐渐消失。在某些商店中，这些流程已经实现了自动化。使用实时库存管理的零售商也越来越多。2017年10月，京东正式宣布全球首个全流程无人仓投入使用。全流程指从入库、存储，到包装、分拣，整个流程没有一个人类，全都由机器完成。智能设备覆盖率100%，每个流程都配备了多种不同功能和特性的机器人，光是分拣场就有3种不同型号的搬运机器人。与传统仓储相比，无人仓更高效，机器可以24小时工作，不需要休息，日处理订单20万单，拥有8组穿梭车立库系统，能同时存储商品6万箱，自动供包台的效率可达传统效率的4倍多。类似这样的无人仓库成本非常便宜。因为无人仓库节省了90%以上的人工成本，只需要支付仓库租金、水电费用与每月的机器检测、维修费用；不需要支付大量的人工费用，自然也就不需要支付额外的管理费用、财务费用、行政费用。人类在人工智能面前毫无竞争力。未来，200多万仓储从业人员将面临失业的危险。

机器人处理包裹图

随着人工智能的发展，职业中可自动化、计算机化的任务越多，就越有可能被交给机器完成，计算机化和自动化能够减少更多行业的工作岗位。可以看出，最可能受计算机化冲击的工作，要么教育和技能需求低，要么具有高度公式化的性质，可以通过自动化编程的方式用机器代劳，其中以行政、服务业最为危险。因为这类职业并不需要人类过多地思考与管理，智能化程序不仅可以提高效率，还可以降低人工成本。这一阶段，电话推销员、收银员、文员、司机、裁缝、快递员、抄表员、保安和洗碗工等服务业人员将逐步被替代。

以电话营销员为例。近年来，我们总能接到自动呼叫的推销电话。这些所谓的自动呼叫电话本身并非机器人，而只是一个经过设计和编程的计算机程序，用于电话销售商品或服务。你可能有过亲身经历，自动呼叫的电话营销员和真正的电话营销员一样烦人，但是自动化程序不会感到疲惫、沮丧或受到侮辱。另外，开展自动呼叫电话活动比人力电话营销活动要便宜得多。

收银员由于工作内容简单，对于人工智能来说易如反掌，未来大部分将被替代。鉴于目前大部分收银员为女性，所以这些岗位的消失对女性的打击将尤为严重。销售工作岗位也将减少，因为越来越多的客户将使用店内的智能手机和触屏计算机来寻找他们需要的东西。店内仍会保留一些销售人员，但数量将比现在少很多。

随着无人驾驶技术的进步，卡车司机将面临失业的境地。尤其是长途货车，司机需要长时间驾驶汽车，会感到疲劳，发生事故。而无人驾驶车则不会疲倦，使用成本也将比司机的雇用成本更低。

3）深度学习替代人类脑力劳动

通过深度学习，人工智能获得前所未有的发展，人类的高智力岗位和目前的高技术岗位也开始面临被替代的境地。翻译、编写新闻、写作、艺术创作、外科手术、律师、审计等这些以前认为无法被机器替代的岗位，现在看来也不保险。

在翻译方面，科大讯飞、百度、谷歌、Facebook 等都有比较成熟的翻译软件。对于英文翻译成中文，人工智能翻译程序虽然翻译得不够优美，但已经基本实现意思的表达。

在新闻编写方面，对于模板化的新闻报道，人工智能程序已经完全可以胜任了，而且速度比人类记者要快得多。美国的《洛杉矶时报》、新华社的"快笔小新"、人民日报社的"小融"和"小端"等都能够在短时间内生产出财经、体育等专业领域的新闻稿件。2014年3月，美国加州发生地震，美国《洛杉矶时报》地震新闻自动生成系统依靠机器人新闻编写技术，在收到美国地质勘探局发出的地震信息后，将数据输入事先准备好的模板，仅用了3分钟就将地震的新闻发布到《洛杉矶时报》的网站上，成为第一家报道加州地震的媒体。

在律师行业，人工智能分析软件可以比律师和审核员更快地进行合同分析、审计等工作。例如，摩根大通设计了一款金融合同解析软件，能够在几秒钟内完成原先律师和贷款人员需花费 360000 小时才能完成的工作，而且错误率大大降低。世界四大会计师事务所之一的德勤已经开始与人工智能企业合作，将人工智能引入会计、税务、审计等工作中，代替人类阅读合同和文件。

在文学作品和艺术创作方面，人工智能还不能与人类相比，但已经开始崭露头角。2018年10月，在纽约的洛克菲勒中心举办的佳士得拍卖会上，"显而易见的艺术"（Obvious Art）创作的神秘肖像画"爱德蒙·贝拉米"（Edmond Belamy）受到广泛关注，并拍卖出35万美元的价格，超出预估值几十倍。"显而易见的艺术"其实是三个法国学生开发的利用人工智能算法进行绘画艺术创作的人工智能程序。这是人工智能技术开始投入艺术创作中的一个里程碑。证明

人工智能程序创作的《爱德蒙·贝拉米肖像》

人工智能可以具有创造性，而不只是操作无人驾驶汽车或改变制造业。

二、反方：人工智能将创造新的工作岗位，人类将找到新的定位

人工智能正在推动全球产业链变革，重塑全球经济形态，深刻改变全球经济格局。研究在经济全球化背景下，人工智能对经济、产业、就业方面的影响。

分析人工智能技术应用对国民经济水平和就业水平的影响。分析人工智能如何影响收入分配，研究人工智能对不同规模、不同行业、不同类型的产业组织和群体造成的威胁程度；人工智能对就业总量、就业结构、资源配置、地区差异等具体问题上的影响，并对其进行评估；研究目前的主要职业在未来被人工智能替代的可能性，预测哪些岗位可能被替代，又会产生哪些新的岗位。

1. 技术越发展，产业细分，高水平的就业岗位越多

技术发展会带动产业升级，产业链条更加复杂，产业细分，从而带动更多高水平的就业岗位。农业时代，人类男耕女织，就业人数庞大，但是就业岗位单一，高水平的就业岗位很少。工业化时代时，农民和在家纺织的家庭妇女面临机器的竞争，大量失业。但是，随着新产业的建立，产业分工比农业时代更细分，出现了农业时代从未出现的大量高水平的就业岗位，比如，操作机械的工人，生产机械的工厂，电信、医疗、金融服务等新兴行业。20世纪的农民已经无法想象今天的一些职业，就像我们也无法想象人工智能时代可能出现的新职业。没有人会相

信铁匠会被工厂的机器所取代，肯定也不会相信，在未来人们可以坐在办公室里用计算机工作，而计算机将会代替他们进行思维工作。然而，即便人们相信这些，也不会想到在未来可以实现远程操控，甚至掌上办公。人工智能正在推动全球产业链变革，重塑全球经济形态，深刻改变全球经济格局，从而对经济、产业、就业等方面产生深刻的影响。

2. 智能时代，新的职业将应运而生

人类学家本杰明·舍斯塔科夫斯基（Benjamin Shestakofsky），最近在美国人类学协会（American Anthropological Association）的一次会议上断言："软件自动化可以取代劳动力，但它也会产生新的人机互补，企业正创造新的工作种类。"微软亚洲研究院院长洪小文预言："三年之内，人工智能一定会被普及化，但是人工智能结合人类智能，会造就更多工作机会。"

人工智能将促进产业的全面转型升级，并将带动新一轮创新驱动型产业布局和投资。第一，人工智能与传统产业结合将促进传统产业的全面转型升级，如形成智能化、精确化、高效化新型农业；第二，人工智能将对人才结构进行改变，促进设计开发行业的发展，更多的高科技人才有了用武之地，但是重复性劳动和简单的脑力劳动需求减少；第三，智能制造技术的发展将对原材料、大数据、集成电路、高端计算、虚拟现实、通信等形成新的需求，有利于培育新的高技术产业；第四，服务型机器人的出现将使服务业实现质的飞跃，改变服务业生产率低的现状，促进社会生产率的提高；第五，人工智能让现代制造业管理更加柔性化，更加精益制造，更能满足市场需求。

新技术的应用会逐步导致旧产业的人失业，这种情况一直都在发生，从没中断过。20世纪90年代寻呼机（俗称BP机）风靡一时，1998年中国寻呼机用户达到6000多万，发展到鼎盛时期的寻呼机市场也衰落得极快，手机迅速取代了寻呼机的地位，到2003年就基本没人用寻呼机了。柯达公司发明的数码相机则终结了自己的交卷帝国，鼎盛时期柯达有十几万员工，却在2013年宣布破产。此类例子不胜枚举，按照专家的预测思路，很容易算出以这种替代速度，多少年后50%的人将失业。但这永远不会发生，因为新技术消灭旧工作的同时，也会带来新岗位，寻呼台的接线小姐失业了，可以找到手机客服的工作。新技术能创造多少新工作呢，会比消灭的多吗？简单列几个数字，就能一目了然。今天全世界70亿人口，大部分成年人就业，包括广大女性。而200多年前，全世界人口10多亿，不仅人口基数少得多，而且在同一就业意义上，就业的人口比例也低得多。今天人们离不开的互联网、IT、移动通信等很多产业都是几十年前没有的，100年前没有的产业更多，200年前，则几乎只有农业。比如1862年，美国90%的劳动力是农民，如今不到2%。

人工智能创造新的工作岗位漫画

社会一直在发展变化，在机器不断替代简单重复劳动的过程中。新岗位也会不断涌现，首先机器就需要有人制造和维护，汽车带来的工作岗位，比消灭的马车夫要多得多。

美国湾区委员会经济研究院的一项研究发现高科技领域每产生一个工作岗位，就能使当地其他商品服务业等产生4.3个就业岗位，包括律师、牙医、教师等，对就业的带动作用远胜过传统制造业，后者只能产生1.4个岗位的带动效应。

据英国《卫报》9月17日报道，世界经济论坛（WEF）在一份报告中称，机器、机器人和算法在工作场合的大规模启用，将在未来10年里给人类创造1.33亿个工作岗位，约是其替代掉的工作的两倍。

报告指出，快速发展的技术将在未来10年给全球带来1.33亿份新工作，而被它替代掉的岗位只有7500万个。

3. 教育将使人类适应新的工作岗位

人工智能会影响就业形势，但劳动力市场很可能会分化，教育和技能是关键的划分因素。制造业和运输业等一些行业更容易被人工智能替代。但是教育、管理、专业人员、信息和医疗保健等其他行业则不太容易被替代。也就是说，受到的教育越多，思考能力越强，越不容易受到人工智能的威胁。世界经济论坛主席克劳斯·施瓦布指出，技术带来的就业机遇并非"已成定局"，我们需要更多的培训和教育投入，以帮助工人们去适应新环境。他在报告中写道，我们呼吁政府、企业、教育工作者和个人采取行动，抓住转瞬即逝的机遇给所有人创造一个更加美好的未来。

从人类历史的发展来看，技术革命确实会对人类的就业造成冲击，新兴行业兴起的初期，确实会让很多人感到不安，但是这种冲击不是无限延续的。因为人类会在人与技术之间找到新的定位和合作方式。一方面，高技术的生产也需要人类管理、监督，被技术冲击的人员可以通过再教育学习新的技能，走向新的岗位。另一方面，人的寿命是有限的，人类是一代一代更替的，无法适应新的工作岗位的年龄较大的人，只要我们建立一定的社会保障制度，给予其生存的基本保障，随着正常的人类更新换代，新一代人类学习新的技能后，这种问题便会随着时间的推移得到解决。人类的适应能力和解决问题的能力十分强大。历史上无论是电的发明带来的行业革命，大型机械带来的工业革命，还是计算机和互联网普及的科技革命，虽然伴随着阵痛，但人类都很好地完成过渡，并且每一次变革都让人类的生活更进一步。

4. 缩短工作时长应对失业问题

人工智能在许多具体的工作中，效率比人类要高，人工智能替代人工的过程必然提高了劳动生产率。或者说，人类在人工智能的辅助下，人均产能更高，创造的价值更大。人类在社会生产中的分工不变必然面临大量失业问题，但是人类可以利用减少工作时间等方法解决这个问题，这样人类也将有更多的时间用于学习和享受生活。农业时代的人类由于生产率低下，每天需要工作十几个小时。蒸汽机时代，人类每天工作12小时；电力时代，人类每天工作8小时，每周工作5天。未来，人工智能时代，人类工作的时间可以更短，例如每天4小时，每周工作3

天。缩短工作时间的好处主要有两个方面：一是同样的工作可以由更多的人来完成，从而增加就业人数；二是提高人类的生活舒适感，有更多时间陪家人、旅游、学习、进行社交活动，使人更能根据自己的兴趣爱好做一些自己喜欢的事情。

5. 从职业发展的本质看，人工智能带来的冲击并没有工业革命时期大

过去，人们的工作经历了从村庄和公会到工业或科研的转变，相比之下，未来工作与如今的工作较为相似，并未发生根本性的变化。如今的改变并不是让我们抛弃3000多年前祖先的职业，而是去努力适应将来需要从事的新型智能工作。当然，向知识经济的转变已经开始。如今，随着自动化与机器人学的发展，这一转变将更加迅速。

如果告诉200年前的预言家，全世界人口将有70亿，要给其中大部分成年人找到工作，他肯定觉得这是不可能完成的任务，首先就没有足够粮食养活这么多人。

各式各样的预言家，思维方式有一个相同的特征，就是以静态的思维考虑问题。伦敦将堆满马粪是这种静态思维的典型。在预测就业问题上，这种思维假设社会的需求是不变的，预言家掐指一算，机器将解决其中50%的需求，因此50%的人将面临失业。

而实际上人的需求是无止境的，温饱是最低层次的需求，比如在英国，农民越来越少的同时，教育、医疗、金融等专业服务领域得到前所未有的发展。1992—2014年，英国护理相关的就业人数增长909%，教

育助理也增长了580%。

人类不停息地制造和改进机器,大大改善了人类自己的生活,历史经验告诉我们,机器从来没有导致系统性失业。

有人说这次不一样,这次是人工智能,与以前的机器有质的不同。这种说法可以媲美打不赢现代格斗的太极不是真太极,真太极已经失传。

实际上,所有的工业革命中,没有一次是一样的。人工智能有多大区别,很难说,但有一点是一样的,它不是免费的。

200多年前英国工人就砸过机器了。象征工业革命开端的珍妮机发明于1764年,它实际上是一台手摇纺纱机。1768年,英国人阿克莱特发明水力纺纱机,随后瓦特革命性地改进了蒸汽机,英国工业开始快速发展。特别是在纺织业,机器得到大规模应用,越来越多地代替人力,而阿克莱特本人就开办了多家纺织工厂。

阿克莱特发明了水力纺纱机复制品,结果传统纺纱工人不乐意了。1779年,英国纺纱业的工人以机器导致他们失业为由,爆发捣毁机器运动,阿克莱特也未能幸免,他最大的一家工厂被烧毁了。传说带头的工人叫卢德,这种运动被称为卢德运动。此后卢德运动时有发生。

然而,机器的使用并未导致大规模失业。1787年议会一项调查表明,英国有32万工人从事棉纺织业,而珍妮机还没发明的1760年,这个数字是几千人。要知道,1779年阿克莱特那家被烧毁的工厂就有600名雇工,对比1760年全英国才几千人从事棉纺织业,阿克莱特一个人创造的就业机会就颇为惊人。

卢德运动

第七章

人工智能时代，
网络犯罪是增加了
还是减少了

网络安全领域快速发展，随着网上购物平台、网上银行、云存储、物联网等的应用，其应用环境日趋复杂，网络攻击日趋频繁，网络犯罪日趋增多。这对网络安全提出了更高要求，需要机器能够更快地预测、检测和识别网络攻击行为。随着人工智能等新技术的应用，这一目标有可能实现，但同时犯罪分子也在加快技术升级，给未来的网络安全带来更严重的挑战。

一、正方：人工智能可以用来搜索漏洞，自动阻击网络攻击，并进行身份识别，阻止网络犯罪

1. 人工智能在互联网安全领域的应用

互联网技术的发展为人们的生产和生活带来了诸多便利，足不出户便可以完成网上支付、网上购物等。人们之间的信息交流多通过微信进行文字、语音及视频通话。现代企业办公已基本实现无纸化，网上办公系统已得到越来越多的普及和应用。然而，全球的网络安全形势却不容乐观，各种网络入侵、盗取公司的机密商业资料，给企业造成巨大的经济损失。个人在上网浏览网页的时候，遭受木马病毒的感染，导致个人重要信息泄露，不仅可能使个人隐私被公布于众，而且还会造成一定的经济损失。

钓鱼网站通常会伪装成银行、游戏等网站登录界面，基本与真实的

网站界面完全一样，诱骗用户输入账号密码等重要信息，从而达到窃取用户账号、密码的目的。"钓鱼"是一种网络欺诈行为，损坏个人的经济利益。另外，泄露的个人信息有可能被违法犯罪分子利用，从事各种非法活动。钓鱼网站一般通过QQ、微信、电子邮件及论坛等方式进行传播，严重影响了人们对互联网信息安全的信心。金山公司2017年网络安全报告显示，钓鱼网站中以境外博彩类网站最多，其次是虚假购物网站。金山安全实验室监测表明，用户访问到钓鱼网站的比例高达5.7%，金山毒霸全年拦截钓鱼网站56亿次，平均月超4670万次，每个网民每月访问钓鱼网站的多达5次。

勒索病毒则是另一种危害网络安全的手段，主要通过电子邮件、程序木马、网页挂马的形式进行传播。该病毒的危害非常大，一旦感染该病毒，将给用户带来无法估量的损失。这种病毒的原理是利用加密算法对计算机中的文件进行加密，被感染者由于没有解密所需要的私钥，因此一般无法对感染病毒的文件进行解密。并且勒索病毒一旦在计算机上运行完成，则自动将自身删除，防止杀毒软件对病毒的特征进行分析，加大了杀毒的难度。计算机被勒索病毒感染后，会生成勒索提示文件，向被感染者索要赎金。勒索病毒通常通过局域网自动传播，导致大规模的计算机感染。2017年Wanna Cry勒索病毒在全球范围内爆发，波及全世界100多个国家超过10万台计算机，据统计造成了80亿美元的经济损失，涉及医疗、金融、能源等行业。该病毒利用微软操作系统的漏洞对文件进行加密，并勒索300美元的赎金。2018年8月3日，台积电遭遇到勒索病毒Wanna Cry入侵，导致台积电厂区全线停摆。Wanna Cry勒索病毒成为熊猫烧香病毒之后，传播范围最广，造成危害最大的一次网络病毒传播。

计算机接入互联网之后，通过网络与其他计算机之间进行通信，这种通信方式一般为远程访问、远程传输、资源共享，而这一特点往往很容易被敌对势力、恐怖分子进行资料的窃取。计算机上运行了大量的软件，而软件中往往存在各种各样的漏洞，因此这一漏洞很容易被对方利用，实现对计算机的远程控制。被远程控制的计算机一旦开机，往往会自动向境外服务器传送数据，导致各种技术或者商业机密被窃取。

随着移动互联网行业的发展，人们越来越多的网络行为是在手机上完成的，移动互联网的网络安全形势同样不容乐观。瑞星公司发布的网络安全报告显示，手机病毒不断变种传播，其中以窃取个人用户信息的病毒数量最多。手机病毒前五位全部为窃取个人信息的病毒，主要包括发送扣费短信、窃取用户的收件箱及通信录信息；拦截并转发用户手机短信；窃取用户隐私数据，并推送广告，等等。

微软（中国）有限公司邵江宁在《人工智能助力网络安全检测和响应》一文中指出，全球的网络攻击特性正在发生改变，目前网络攻击者并不是单纯依赖于恶意软件，首要目标是窃取用户的身份信息，一旦窃取到用户的身份信息之后，则可以利用合法的工具收割用户的数据财产。

人工智能具有学习能力强、运算能力强、逻辑思维能力强、适应能力强等特征，人工智能技术的应用有利于提高计算机网络安全。大量的病毒往往是通过电子邮件进行传播的，通过人工智能技术提升垃圾邮件处理系统的智能化程度，能够自动识别垃圾电子邮件和病毒电子邮件，将电子邮件自动转移到垃圾邮件箱并隔离，从而净化网络环境。SurfControl公司是全球最大的网页和电子邮件过滤技术提供商，致力于互联网安全产品的开发。该公司在神经网络及贝叶斯算法上取得了重大突破，提高了内容分类扫描过滤机制的精确性和运转速率，使SurfControl公司领跑反垃圾邮件领域。谷歌公司则采用机器学习算法，不仅可以预设规则清除拦截垃圾邮件，而且可以在使用中自动生成新的规则，垃圾邮件识别率可提高到99.9%。

人工智能技术可以提高对计算机病毒的识别和处理能力，从而提高计算机主动防御安全性。微软公司最大的希望就是在病毒到达计算机之前就能够进行预测并采取防护措施，使病毒根本没有机会入侵计算机。为了实现这一目标，微软公司采集了大量计算机的数据，组成人工智能数据训练集，并鼓励科学家在这一领域展开大量的建模预测工作。微软公司公布了 Windows Defender 成功拦截病毒的实例，2017年10月14日11:47位于俄罗斯圣彼得堡的 Windows Defender 用户从某恶意网站下载到了某可疑文件。Windows Defender 在本机对该可疑文件进行启发式分析后，认为该文件无法被信任，于是连接云端服务器进行查询并分析，云端服务器返回该文件的恶意概率为81.6%。该数值并没有达到可以直接被拦截阻止运行的90%的要求，因此 Windows Defender 在本机沙盒中进行动态分析，并将运行结果上传云端，与模型数据进行对比，发现恶意率上升为90.7%，从而对该恶意勒索病毒实现成功拦截。

人工智能技术与防火墙技术相结合，则可以打造先进的智能防火墙。智能防火墙技术并不需要在每个程序访问网络时均对用户进行询问，而是根据预先设定或自动生成的规则实现程序对网络的访问控制。智能防火墙技术克服了用户无法判断程序访问网络是否存在危害的缺点，很大程度上提高了计算机网络的安全性，能够有效阻止网络黑客的恶意攻击和入侵，防止病毒的蔓延式传播。机器学习等人工智能技术已在智能防火墙中得到应用，采用网络数据作为机器学习的训练样本集，从而动态生成新的防火墙规则，达到智能学习和智能检测的能力。

智能手机时代，手机病毒对用户隐私的泄露成为人们重点关注的问题。腾讯公司发布可TRP-AI反病毒引擎，结合人工智能深度学习技术，通过对手机App的特征进行动态识别。该反病毒引擎通过大量的数据训练，具有较高的病毒检测能力。

人工智能技术与各种反病毒、反入侵、反数据窃取技术相结合，使计算机对病毒的检测、网络入侵的拦截等更加智能化，从而阻止网络犯罪行为的发生。

据报道，麻省理工学院计算机科学与人工智能实验室（CSAIL）和安全公司PatternEx合作，开发了名为AI2的全新人工智能系统，该系统可以检测85%的网络攻击，误报率比现有的解决方案小了5倍。新的系统不完全依靠人工智能（AI），而且依靠用户输入，即研究人员称之为分析师直觉（AI）的东西，因此这套系统被称为AI2。

研究人员表示，他们向AI2输入超过36亿行的日志文件，使系统采用无监督的机器学习技术扫描内容。在每天结束的时候，系统向研究人员介绍其调查结果，研究人员再证实或驳回安全警报。将这个人类判断结果再输入AI2的学习系统，用于第二天新的分析。

美国麻省理工学院和PatternEx研究人员表示，AI2在检测网络攻击方面实现了85%的准确性，是当今类似的自动化网络攻击检测系统准确率的2.92倍。此外，误报率也更低，是同类的网络安全解决方案的误报率的20%。

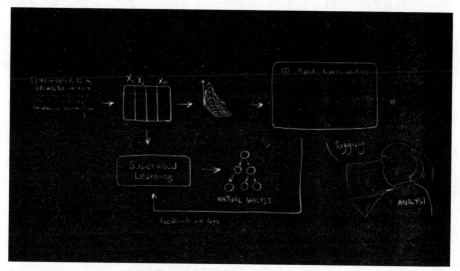

MIT用人工智能检测网络攻击，成功率高达85%

2. 人工智能在反洗钱领域的应用

洗钱是对非法资产的来源、性质及所有权等进行掩盖的经济活动。洗钱行为企图掩盖通过贩卖毒品、贪污受贿、走私犯罪及金融诈骗等违法手段获取的非法资金，使其获得合法的外衣再次进入金融流通领域。洗钱行为严重扰乱经济秩序和社会稳定，为毒品制造及贩卖者、腐败官员、违法商人等提供了资金合法化的途径，使他们的违法行为变得更加肆无忌惮。反洗钱已经成为世界各国的共识，我国反洗钱已经上升为国家战略，制定了各种措施严厉打击各类洗钱犯罪活动。

"洗钱"一词起源于20世纪20年代，美国芝加哥黑手党一个金融专家开了一个洗衣店。洗衣店里设置了一台投币洗衣机，顾客通过投币自助洗衣。在每天晚上结算收入的时候，他将非法获得的资金加入洗衣店的合法收入当中，再向税务局申报纳税，这样他的所有收入就变成了合法收入。这也是洗钱的一个最初级的例子。现代的洗钱手段变得越来越复杂，没有固定的模式，通常可分为处置、离析和融合三个阶段。处置阶段是指将犯罪所得投入到清洗系统的过程，通常是存入银行、购买票据、股票、存入地下钱庄等。离析阶段是指通过多次复杂的金融交易手段，掩盖资产或者资金的性质，使其变成合法所得。融合阶段是指非法资金和合法资金进行融合，投入金融流通市场。洗钱通常采用的手段有赌博、高价购买不值钱的产品或者古董字画拍卖等。赌博则是在合法赌博场所购买筹码，象征性地赢得或者输掉部分筹码后，将剩余筹码换回现金或由赌场汇入个人账户，从而将非法资金变为在合法赌场的合法所得。商品交易方式，首先将巨额资金分散为小额资金，从而不会引起监管部门的注意，交易完成则达到了非法资金洗白的目的。古董字画拍卖一般金额数量巨大，然而在拍卖过程中对参加竞拍人员身份及资金来源等审查要求不严格，因而无法查实资金的真实来源。通常我们在新闻上会看到某字画古董被身份不明的神秘人以高价拍走，则有可能会涉及洗钱行为。

随着经济全球化、金融自由化及货币电子化，洗钱犯罪呈现出国际化、专业化及网络化的特点。网络洗钱主要利用网上银行、其他金融机构提供的网络金融服务及电子支付系统进行洗钱的行为。网络洗钱的主要手段为网络赌博、网络空壳公司交易及网络拍卖等。网络洗钱将现实中的网络洗钱行为转移到虚拟网络，这一特点使得洗钱行为更加隐蔽。网络上出现了专门为赌博、诈骗网站服务的"第四方支付平台"，福建警方打掉了涉及金额高达28亿元的特大洗钱网络支付平台"通宝支付"。该网络支付平台并没有电子支付许可证，而是为"商户"（赌博、诈骗网站）提供支付二维码或者H5支付网页，将非法资金收集至他们控制的他人实名网络账户后，再通过支付平台提现至银行卡，最后将资金归集再返还至"商户"所提供的银行卡账户，其行为是中介机构在收付款之间提供货币资金转移服务。

传统的反洗钱手段主要是建立身份识别制度、大额和可疑交易报告制度、交易记录保存制度和内部控制等。在经济超级繁荣的当今社会，每天都要产生海量的交易数据，这些交易里面有正常的金融交易，也有非法的金融交易，二者混杂在一起。从这些海量的数据里面去甄别非法交易，无异于大海捞针。移动电子支付的发展使资金转移更加快捷便利，也对操作人员的身份识别加大了难度。另外，目前根据转账金额大小来判断金融交易是否合法具有很大的局限性。某一笔巨额的金融转账业务，也许就是正常合法客户的一笔正常合法交易；而犯罪分子往往会化整为零，将大额资金分散成若干个小额资金进行交易，很容易逃脱对洗钱活动的监控。

面对洗钱活动的国际化和网络化的新特点，2018年10月10日，为规范互联网金融从业机构反洗钱和反恐怖融资工作，切实预防洗钱和恐怖融资活动，中国人民银行、中国银行保险监督管理委员会、中国证券监督管理委员会制定了《互联网金融从业机构反洗钱和反恐怖融资管理办法（试行）》。2018年12月美国联邦储备委员会、联邦存款保险公司、财政部金融犯罪执法网络、货币监理署和国家信贷联盟署意识到反网络洗钱活动的艰巨性，联合发表声明鼓励银行业加强对人工智能等新技术的应用，以防范各种金融领域的犯罪活动。国际知名专业组织公认反洗钱师协会（ACAMS）也通过发布文章，持续介绍人工智能技术在反洗钱金融犯罪等领域的最新发展情况。

人工智能以大数据分析、数据挖掘、机器学习为主要技术手段，能自动监控并识别异常交易及资金流向。汇丰银行已加强人工智能技术在反洗钱、反恐怖金融领域的应用，采用机器学习模型从海量数据中发现金融犯罪行为，与人工处理相比效率更高。国内平安集团在人工智能领域的研究也加大投入，其反洗钱部门已具备大数据资金监控和新的技术模型开发维护能力。互联网金融企业在反网络洗钱领域具有天然的技术优势，百度金融、蚂蚁金服、财付通等企业均建立的人工智能反洗钱系统，用于客户身份识别、异常活动检测等。国内高校也开展了针对反网络洗钱领域的技术研究，华中科技大学根据网络金融交易转入、转出活动中交易账户之间的关系，建立交易网络图。用节点表示账户，边表示交易，方向表示账户之间的资金转移方向，权值依据交易信息来设定。采用一种基于模式增长思想的频繁模式发现算法，对洗钱活动进行识别。杭州电子科技大学针对反洗钱金融数据海量、稀疏、特征不明的问题，基于粗糙集理论和决策树分类算法设计了网络洗钱规则的高效挖掘。围绕知识库的组织、构建与增量学习设计了一套银行反洗钱系统。浙江大学研究了逻辑回归、神经网络及支持向量机等数据智能分类技术，并对客户潜在风险进行分类评估。

银行和互联网金融企业对资金的监控具有一定的孤立性，因此建立跨平台的数据采集及处理系统也是十分必要的。通过该平台对各种金融交易进行快速的数据采集，对超大规模数据进行存储及处理，从而打击各类互联网金融犯罪。云计算技术、数据挖掘技术、可视化分析研判技术的发展为平台的建立提供了技术手段。云计算技术是通过网络算法进入数据资源库，并使用服务器硬件进行数据处理。云计算实现了数据的分布式存储和分布式计算模式，可以使警务系统与各种金融机构实现分布互联、资源共享。数据挖掘技术通过对大量数据的分析预测，寻找数据之间的规律及关系，从而查找得到隐藏在数据背后的有价值的线索。数据可视化分析研判技术，可以将犯罪嫌疑人的社会关系、资金流向、犯罪特征值转化为直观的图形展示，一目了然地描绘违法犯罪相关事实。

人工智能技术在反网络洗钱领域的作用必将发挥越来越重要的作用，使网络洗钱行为无处遁形，对违法犯罪活动形成巨大的震慑作用。

3. 深度学习算法能够精准识别和消除非法信号和账号

深度学习算法可识别非结构化数据，模拟人脑神经元多层深度传递过程，构建多隐层的神经网络模型，训练大量数据，以此来提升数据的表征学习能力。2016年9月，谷歌旗下的"深度思维"（Deep Mind）利用深度神经网络对原始音频波形建立模型，研发能够自动辨别语言和语音的"波网"（Wave Net），使图像和语音识别再一次得到质的飞跃。

人工智能可以通过图像匹配技术控制之前被标记为恐怖主义的宣传图像或视频的上传。系统可以将用户上传的照片或视频与已知恐怖信息数据库进行比对，以此来决定上传行为是否被拒绝。利用人工智能控制恐怖组织的信息传播目前已经取得了良好效果，仅2017年上半年，推特就减少了近30万个恐怖分子的账号，清除效率提升了约20％。

二、反方：人工智能是易攻难守的技术，一旦被黑客利用，网络犯罪形势更加复杂

人工智能技术的发展为人们提供便利的同时，也带来了风险。它可以被好人利用，也可以被坏人利用。人工智能技术一旦被黑客利用，它就会像一把利剑一样，撕开我们布下的安全屏障。我们必须居安思危，对各种可能发生的人工智能网络攻击进行预测，并制定完善的防范措施，以免给社会、企业及个人造成巨大的损失。道高一尺，魔高一丈，通过我们的不懈努力，在基于人工智能的网络攻击面前一定会取得最终的胜利。

1. 人工智能使病毒进化加快，并能够智能隐藏

人工智能的发展加剧了网络安全形势的复杂化，人工智能也成为黑客进行网络攻击的利器。传统意义上的病毒软件一般是人工手动编写的，然后进行分发传播。随着人工智能技术的发展，虽然人工智能技术提高了防御网络攻击的能力，然而人工智能技术同样被用于发起网络攻击，病毒程序通过人工智能技术可以自动生成并不断进化，从而逃脱防火墙等技术的防御。论文《基于对抗网络原理生成黑盒攻击的对抗恶意软件样本》（*Generating Adversarial Malware Examples for Black-Box Attacks Based on GAN*）中提出，恶意软件的开发者无法获得恶意软件防御系统所采用的人工智能算法的具体结构及详细参数。但恶意软件还可以通过人工智能算法不断对防御软件发起攻击，检测防御软件的漏洞，不断修改自身的软件代码，最终通过防御软件的检测。

Fortinet在其发布的"2018年全球威胁态势预测"中表示，未来人工智能技术将被大量应用在蜂巢网络（Hivenet）和机器人集群（Swarmbots）中，它将能够使用数百万个互连的设备或机器人集群来同时识别和应对不同的攻击媒介，从而利用自我学习能力以前所未有的规模自主攻击脆弱系统。这种蜂巢网与传统的僵尸不同，利用人工智能技术构建的网络和集群内部能相互通信和交流，并根据共享的本地情报采取行动，直接使用群体情报来执行命令而无须由僵尸网络的控制端来发出命令。当蜂巢网络识别并侵入更多设备时，它将能够成倍增长，从而扩大了同时攻击多个目标的能力。

网络钓鱼邮件将变得更加复杂。犯罪分子会通过人工智能技术分析大量取来的信息，例如对象的行为习惯等，从而生成针对该特定人群的更加行之有效的钓鱼邮件。在2016年美国黑帽会议上，约翰·西摩和菲利普·塔利发表了题为《社会工程数据科学的武器化：推特上的自动化E2E鱼叉式网络钓鱼》（*Weaponzing data secience for social engineering: automated E2E spear phishing on Twitter*）的论文，提出一种时间递归神经网络SNAP_R，它可以学习如何向特定用户发布网络钓鱼帖子。鱼叉式钓鱼将用户发布的帖子作为训练测试数据，并以时间轴对用户发布的帖子内容进行动态分析，最终生成针对该特定用户的钓鱼帖子。将生成的钓鱼帖子发布到Twitter社交平台上，测试结果表明通过该方法生成的钓鱼帖子达到了很高的用户点击率。人工智能技术与人工相比，能够快速大量地获取目标用户的各种数据信息，从而分析得出该部分用户的行为习惯、特定爱好等；人工智能同样能够将钓鱼邮件或钓鱼帖子等伪造得更加形象逼真，甚至通过人工智能技术不断伪装优化，从而通过反钓鱼邮件软件的检测，大大提高对目标用户的钓鱼成功率。

2020年年初，一个新的僵尸网络已经破坏了上千台ASUS、D-Link和Dasan Zhone路由器，以及诸如录像机和热像仪之类的物联网（IoT）设备。该僵尸网络被称为Dark_nexus，其技术和战术类似于以前的Qbot银行恶意软件和Mirai僵尸网络。但是，Dark_nexus还配备了一个创新模块，用于实现持久性和检测逃避。在发动DDoS攻击时，Dark_nexus会将流量隐藏为无害的浏览器生成的流量来绕过检测。此外，一旦感染了设备，Dark_nexus还试图通过伪装成BusyBox（以/bin/busybox命名）不被人发现。Dark_nexus能识别并杀死任何威胁其"持久性"和"统治力"的进程，包括停止cron服务并删除任何可用于重新启动设备的可执行文件的权限。Dark_nexus还使用一种独特的技术来确保其在受感染设备中的"至高权力"，使用基于权重和阈值的评分系统来评估哪些进程可能构成风险，并杀死所有超过可疑阈值的其他进程。

2. 人工智能恶意破解密码，加剧网络风险

人工智能技术还被应用于验证码破解领域。验证码是区分计算机和人类的一种程度算法，即一个简单的答题验证。系统向请求方发起验证提问，能够正确回答问题的认为是人类，否则认为是计算机。验证码技术不断发展，目前主要用于防止恶意登录系统。采用这种方式，可以防止恶意程序采用自动登录的方式恶意撞库、洗库，给系统安全造成危害。卷积神经网络能够模拟人脑的机制对文字、图像和语音进行识别。

在该技术面前，验证码技术形同虚设。2017年腾讯安全守护技术团队协助浙江警方破获了"快啊答题"互联网验证码答码平台，该平台即时运用卷积神经网络技术不断学习训练，大大提高了对文字型及图片型验证码的识别效率。该网络平台为下游的网络撞库提供了便利，大大增加了密码破解、公民信息泄露等风险。

利用计算对密码进行破解，通常采取暴力破解的方式，即根据密码的范围，采用穷举法对密码——进行尝试，直到试出正确的密码。对于比较复杂的密码，通常需要通过几个月甚至更长的时间才能破解。为了缩短密码破解的时间，会运用"字典"进行破解，这样可以大大缩小密码的范围，从而缩短密码破解的时间。当前同样存在采用人工智能的方式破解密码，即对抗生成网络，它包括两个神经网络，一个生成器和一个检查器。通过一些网络上人们采用的真实的密码，对神经网络进行训练，从而识别出一些用于密码设定的特定的字符及数字组合等。运用这种方式，能够生成一批候选密码，然后采用这些候选密码进行破解。

3. 漏洞攻击自动化，病毒扩散速度加快

漏洞攻击自动化工具正在不断发展。瑞数信息发布的《2020 Bots自动化威胁报告》指出，"随着Bots自动化工具的强势发展和应用，漏洞攻击不再是高级黑客组织的专属，而开始趋向'低成本、高效率'的模式。全年无休的高强度漏洞扫描不会放过任何系统中的薄弱环节，无论是已知漏洞，还是零日漏洞，自动化Bots工具都可以随时随地进行探测，它们往往比企业还更了解系统的安全态势。"同时，漏洞的快速曝光和利用给社会各领域带来极大威胁。一个漏洞被公布之后，随之而来的

漏洞探测会迅速在互联网上批量尝试。漏洞攻击者已经将自动化工具大量应用于漏洞探测、扫描等漏洞攻击辅助过程中。

4. 根源攻击，无法修复的缺陷

人工智能攻击技术除了利用人工智能技术进行网络攻击，还产生了针对人工智能系统进行攻击的网络攻击，其中包括数据污染或者数据注毒。这种攻击利用人工智能系统的算法及其所依赖的数据方面的缺陷进行攻击，更加隐蔽且难以修复。

由于人工智能完全依赖数据，数据恰恰成为扰乱机器学习模型的主要途径。与人类不同，机器学习模型并没有可用的基础知识，它们的全部知识都来自提供给它们的数据。污染数据，就可以污染人工智能系统。数据污染可能发生在人工智能系统的创建过程中，也可能发生在人工智能系统的使用过程中。

创建过程中的数据污染是人工智能的学习训练的数据样本。通过篡改相关数据和参数，使得人工智能程序所抓取的数据出现偏差。由于这种偏差，人工智能所依靠的学习模型就会出现错误，不能得到正确的学习认知结果。

使用过程中的数据污染主要是针对人工智能的模型特点进行信息伪装，从而误导人工智能做出错误判断。人工智能和机器学习应用（如计算机视觉）的其他根本问题是语义鸿沟，这表明人类和机器在开展任务时方法是不同的。曾接受过特定对象图像培训的计算机视觉算法能够在新的图像中识别此类对象，并对其分类。但是，该算法并没有理解该对象的含义或概念，也就是说其可能犯下人类永远不会犯的错，如将某个物体归类到完全不同、完全相关的物体中。很明显，这一点会对人工智能和机器学习在武装冲突中的特定应用引发严重的问题，如在确定目标的自主武器系统或决策支持系统中。例如，将一小块精心挑选的胶布粘贴到交通信号灯上，使人工智能系统判断失误，把红灯判断为绿灯。著名的例子是，研究人员欺骗了一个图像分类算法，让其将一个3D打印的海龟识别为一支"步枪"，将3D打印的棒球识别为一杯"浓咖啡"。如果在武器系统中也使用了基于人工智能的图像识别系统，并将该系统用于确定目标，很明显，也存在遇到此类问题的风险。

人工智能基于数据训练产生的智能与人类的智能并不相同，人类和机器在开展任务时的方法也是不同的。目前，深度学习算法只是反映数据的统计特征或数据间的关联关系，而未真正获取数据的本质特征或数据间的因果关系。例如，接受过特定对象图像训练的计算机视觉算法能够在新的图像中识别此类对象，并对其分类，但是并没有理解该对象的含义或概念，其可能犯下人类不可能犯下的错误，将某个物体归类为完全不同或者完全不相关的物体。对抗样本攻击就是利用人工智能的这一缺陷，精心制作输入数据，使人工智能系统产生错误的判断和推理。古德费洛等人的论文《解释和利用对抗样本》对此进行了分析。如下图所示，左图是一张能够被GoogLeNet正常分类为熊猫的图片，在添加一定的噪声后变成右图，在人的肉眼看来，它还是熊猫，但GoogLeNet会将其判定为长臂猿。这种被篡改而导致机器识别错误的数据即为对抗样本，而整个过程被称为对抗样本攻击。

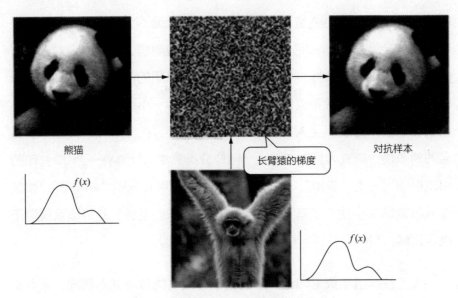

熊猫

长臂猿的梯度

对抗样本

$f(x)$

$f(x)$

论文《解释和利用对抗样本》中覆盖在典型图像上
的对抗输入会导致分类器将熊猫误归类为长臂猿

Part 2

第八章

人工智能能否改 变政治的本质

"政治选举"一词听起来并不陌生，在政治界没有准确的定义，通常是与"选举制度"一词并用。选举制度，是一个国家统治阶级通过法律规定的关于选举国家代表机关的代表和国家公职人员的原则、程序与方法等各项制度的总称，包括选举的基本原则、选举权利的确定、组织选举的程序和民主方法，以及选民和代表之间的关系。

20世纪50年代兴起的人工智能技术现已扩展至社会生活的方方面面，对现代国家政治发展产生了深远影响。当前，以"网络化"为集中代表的人工智能技术成为新时代的重要特征。人工智能弱化了传统线下多层国家权力结构和单向治理模式，促进了政府治理理念更新和现代政治变革。人工智能能够提高民主化政治的科学化水平，科学分析出民众投票倾向，对民众的呼声进行科学分析。然而，任何一项技术都是一把"双刃剑"，人们面对人工智能的突飞猛进，既能够享受技术进步带来的福利，同时也会产生"黑科技"的即视感。著名物理学家霍金不止一次强调人工智能会威胁人类文明。所以，政府应积极适应人工智能在公共服务、公共决策等领域带来的各种挑战，同时做好服务转型，统筹经略，尽早谋划，为人工智能助推国家治理变革创造条件。

一、正方：人工智能被用于新媒体宣传、攻击选票系统，可能会影响政治选举结果

在人类历史发展长河中，任何一场新的革命性科学技术突破发展都

会给政治带来不可忽视的巨大影响。随着网络技术的普及，以网络为媒介表达政治意愿和参与政治事务的"网络民主""电子民主"或"数字民主"成为新的民主形式。移动互联网的发展又带来了大数据的成熟，在"互联网＋"方兴未艾之际，"数据民主化"又成为民主发展的新话题。

人工智能技术建立在大数据和算法的基础上，也就是说，如果数据总量和质量足够充分，那么人工智能就能通过相应的算法发挥出超强的分析判断能力。人们在日常生活中产生的海量数据将成为人工智能发展的基础。在民主政治中，公民的政治表达、选举投票、公共协商和集体决策等机制的运行，都会产生海量的数据，从某种程度上说，谁掌握了数据，谁就掌握了政治权力。正是因为这个特点，也给人们带来了不安。实际上，在科技与民主的关系上，早已经有学者表示了担心。萨托利是一位典型的"消极论者"，他认为在唯科学主义的助力下，技术与权力的结合可能会产生某种极权倾向，从而损害民主的原则与程序。当年萨托利所担忧的专家与民众之间的"知识鸿沟"，在人工智能时代必然会快速扩大。在这种情况下，如果仅仅由少数人工智能专家去掌握民主议程或政治决策，很可能使得绝大多数民众受制于人。更堪忧的是，如果政治的运行机制逐渐转变为技术统治，那么人工智能统治人类也就不再是一个遥远的幻想了。

人工智能可以左右选民投票的立场，操纵选民感情的尝试不是什么新鲜事，而一旦某人获得了有效的、低成本的大规模心理操纵技术，民主政治可能就会沦为一场木偶剧。而且，利用"换脸""换声"等人工智能技术可以制作具有欺骗性的假新闻，影响政治事件的进程。近年来围绕国家大选而展开的种种政治运作显示：拥有数据和技术能够从一定程度上影响政治议程。

纵观现代历史，政治候选人只通过掌控有限数量的工具来控制选民的情绪。通常情况下，他们在竞选时，所依靠的是他们的本能而非洞察力。而现在，大数据可以被用来最大限度地提高竞选的有效性。人工智能这项技术在政治竞选中已变得司空见惯，也出现了负面新闻。"有心人士"利用人工智能可以用来操纵公众舆论这一特点，实现私利。

在2016年美国总统大选期间，数据科学公司剑桥分析公司推出了一项大范围的广告宣传活动，目的是根据民众的个人心理状况，挑选有潜力的选民。这些都是基于选民的实时数据，这些数据来自他们在社交媒体上的行为，以及他们的消费模式和人际关系。他们的互联网足迹被用来构建独特的行为和心理特征。这种方法的问题不在于技术本身，而在于不公开的宣传活动，以及虚假的政治信息传播。像特朗普这样具有灵活竞选承诺的候选人尤其适合这种策略。每个选民都可以被发送一种定制的信息，强调某一特定论点的不同侧面。每个选民都认识到不同的特朗普。关键是要找到合适的情感触发因素来刺激每个人的行动。这个高度复杂的微目标操作依赖于大数据和机器学习来影响人们的情绪。不同的选民根据他们对不同论点的敏感性的预测，接收到不同的信息。妄想狂们收到的是基于恐惧的信息，具有保守倾向的人会收到关于传统和社区争论的信息。

这些机器人都是一些自动账户，它们的程序都被设定为积极地散布片面政治信息，制造公众支持的假象。这是一种越来越常用的策略，来试图影响公众舆论，扭曲政治情绪。这些机器人通常伪装成普通的人类账户，散布错误信息，在 Twitter 和 Facebook 等网站上引发激烈的政治讨论。他们可以用来突出社交媒体上关于候选人的负面信息，这些信息更有可能让选民投票给他们，这个想法是为了阻止他们在选举日出来投票。在2016年的大选中，支持特朗普的机器人甚至通过自动传播推特标签和Facebook页面，潜入到了希拉里克的支持者中，影响选民的政治情绪。

布鲁金斯学会研究人员伊丽莎白·萨布里克称，大选期间，为影响选举结果，"俄罗斯投入的总成本仅为100万美元，却产生了高回报。俄罗斯互联网研究机构仅在Facebook上发布的内容，就影响了1.25亿美国人。"类似的情况，接连出现在2017年的英国大选和法国大选中。这些案例非常清晰地显示：只要拥有足够丰富的数据和准确的算法，技术企业就能够为竞争性选举施加针对性影响。当某种特定政治结果发生时，人们很难判断这是民众正常的利益诉求，还是被有目的地引导的结果。

在2017年的英国大选中，大量的政治机器人被用于在社交媒体上传播错误信息和虚假新闻。在2017年的法国总统大选中，Facebook和Twitter上抛出了大量来自候选人埃马纽埃尔·马克龙竞选团队的电子邮件。信息转储也包含了关于他的金融交易的虚假信息。其目的是构建一种说法，让大家认为马克龙是一个骗子和伪君子——这是机器人用来推动热门话题和主导社交媒体的常用策略。

俗话说"耳听为虚，眼见为实"。只不过如今随着智能技术的发展，耳听和眼见都可能难以为实了。人工智能技术在音频和视频合成领域也颇具造诣。

2019年2月，一段通过AI换脸技术把朱茵在《射雕英雄传》中扮演的角色"黄蓉"的脸替换成杨幂的视频在网络引起热议。视频中，杨幂的脸完美替代掉了朱茵的脸，不仅毫无违和感，而且不仔细看根本看不出来这是"移花接木"的产物。这段视频所使用的AI换脸技术就是Deepfake，翻译成中文即"深度伪造"或"深度造假"。2017年年底，一个名为"Deepfakes"的Reddit用户在论坛上传了一些AI换脸后的视频，引起广泛的关注，后来该用户名成为相关技术的代名词并广为流传。由于Deepfake本身的娱乐性和欺骗性，越来越多的专业机构和业余爱好者加入其中，相关技术在近两年快速发展，使用Deepfake产生的伪造视频也越来越逼真。2019年8月，AI换脸应用"ZAO"凭借"仅需一张照片，出演天下好戏"的宣传，在社交媒体领域火爆传播，其使用Deepfake技术，让普通大众体验换脸的乐趣。

Deepfake是深度学习（Deep Learning）和伪造（fake）的英文组合词，是一种基于深度学习的人物图像合成技术和假视频生成方法，可将个体声音、肢体动作、面部表情等进行拼接，创建令人信服的合成图像、视频或音频。最常见的应用方式就是在视频中把一张脸替换成另一张脸，这也是该技术目前最成熟的应用之一。除此之外，Deepfake还可被用于在图片和视频制作过程中合成新的视频或图像，包括但不限于操纵面部表情、口型和速度、发表虚假言论视频，以及使用生成网络技术合成并不存在的图像视频数据等；Deepfake也可用于创建音频模型，对声音进行伪造。

一段关于美国众议院议长南希·佩洛西讨论唐纳德·特朗普的伪造视频传遍国外社交网络。视频中佩洛西如同喝醉了一般，神志不清，说话磕巴，举止怪异，严重影响了南希·佩洛西的公众形象。Deepfake在色情网站上也被广泛应用。这些网站在没有经过相关人员同意的前提下，为了吸引人们的眼球，使用一些女性名人的面孔替换色情视频的演员，给许多女性名人带来了很大的困扰。一款名为DeepNude的应用程序甚至可以将一张完整的女性图片自动转成相应的裸照，其背后也使用了Deepfake。Deepfake还被用于诈骗活动，2019年，一家英国能源公司的首席执行官被电话诈骗，当时犯罪分子使用音频Deepfake技术模仿其母公司首席执行官的声音，要求其将22万欧元转入匈牙利的银行账户。当然，Deepfake也并非一无是处。借助深度造假技术，有可能让因患有肌萎缩侧索硬化而失去讲话能力的人恢复演讲能力，有望让自动驾驶软件在虚拟环境中训练测试，电影公司也可使用该技术摄制高惊险视频和美若仙境的大片，节省大量时间和资金成本。

未来几十年，我们不太可能遭遇具备感情的机器人，但是可能不得不面对那些比自己母亲更善于引导自己情绪走向的机器人，而它们会非常熟练地使用这种不可思议的能力。人类的精英在忙于向我们推销一些东西，无论是汽车、政治家还是整个意识形态；而机器人则直接识别我们内心深处的恐惧、仇恨和渴望，并利用它来对付我们。

当然，新技术将不断出现，其中一些技术可能会鼓励分配而不是集中信息和权力。如区块链技术以及由其启用的加密货币的使用，但区块链技术仍处于萌芽阶段，我们还不知道它是否会真正抵消人工智能的集中化趋势。请记住，互联网在早期被宣传为一种自由主义的灵丹妙药，可以让人们从所有集中系统中解放出来，但现在它已经准备让集中系统比以往更加强大。

二、反方：人工智能不会影响原先的政治立场和信仰，政治的本质不会发生变化

从历史发展来看，任何一次科技革命都会影响人类的生活方式、社会形态乃至政治模式。从政治史的角度来看，民主的发展从来都是以一定的科技进步作为基础的。著名民主理论家约翰·基恩曾将民主的历程总结为三种模式：集会民主、代议民主和监督式民主，这些模式分别建立在不同的技术基础上。古希腊的集会民主被视作直接民主的典范，但由于交通和传播的落后，这种民主只能局限在较小的范围内；近代以来的代议民主，建立在工业社会的基础上，并且使民主能够扩及大规模社会及日益广泛的阶层。随着信息社会的来临，以公民参与为主的"监督式民主"将成为新的发展模式。每一次民主的模式发展和机制改进的背后都有赖于科学技术的支持。在此过程中，投票器取代了陶片，新媒体取代了传单，其中信息传播技术的改进一直在为民主政治提供新的支撑条件。人工智能在民主选举中彰显的优势是显而易见的：

第一，大数据和人工智能有利于分析投票中的政治倾向，更好地了解民众的诉求。人的本质是一切社会关系的总和，在一个由数据构成的世界，人也是一切数据的总和。人工智能时代，公民个体社会经济生活以数据形式留下记录，每个个体无时无刻不是数据的生产者。数据是人工智能的重要组成内容，人工智能基于海量数据的提炼与分析，数据特性赋予政治行为过程的数据信息化特性。利用人工智能来统计选举情况，能够降低选举与投票的成本，增进民主的质量。

第二，人工智能技术有利于提升民主决策的科学化水平。代议制民主

的最大问题是选举期间普通民众很难参与到公共决策之中，而近年来协商民主理论的发展实际上就旨在解决这个问题。但是，协商的成本往往比选举的成本还要高，而这种情况也可以利用人工智能来改善。例如，在具体的议题上，依靠数据与智能运算能够快速得出具有科学性、客观性乃至公开性的分析结果，并便捷地为利益相关者所掌握，从而提升协商的效率。

第三，人工智能的应用有利于精准掌握公民的民主诉求。从根本上讲，现代民主政治建立在工业社会的基础上，其运行机制也受到工业思维与模式的影响。例如，候选人会用类似流水线上的工业成品的政策表达来回应民众的诉求，但很难为每位选民量身定做具体的政策措施。民主政治面临的困境表现在受制于高昂的运行成本、艰难的数据采集及低效的政策供给。然而，目前人工智能技术已经能够很好地根据用户偏好自动推荐商品，那么未来的政策提供和民主协商，或许同样可以利用高效的技术运用为每位公民提供适合自身的选项。

人工智能可以被用来以一种合乎道德和法律的方式更好地进行竞选活动。例如，当人们分享包含已知错误信息的文章时，对知识水平不足的人来说，他们是无法准确辨识什么是错误信息的，此时，我们可以让政治机器人参与进来，机器人有一个实时更新的数据库，它们可以发出警告，提示这些信息是可疑的，并解释原因。这能有助于揭穿那些众所周知的谎言，就像那篇错误地宣称教皇支持特朗普的不实文章一样。

我们可以用人工智能来更好地听取人们的意见，并确保他们选出的代表能清楚地听到他们的声音。基于这些见解，我们可以部署微型目标竞选活动，帮助选民了解各种政治问题，实现他们的知情权，帮助他们形成自己的想法。

　　人们经常被电视辩论和报纸上的政治信息所淹没。人工智能可以帮助他们根据自己最关心的事情来发现每个候选人的政治立场。例如，如果一个人对环境政策感兴趣，就可以使用人工智能定位工具来帮助他们了解每个候选人对环境的看法。至关重要的是，个性化的政治广告必须为选民服务，帮助他们获得更多信息，而不是削弱他们的利益。

　　很多人普遍认为，人工智能会被不法分子利用，为达到私人目的而去混淆民众视听。人工智能技术，准确来说只是一项技术，本身并没有思想，它改变的不过是民主运行机制，并未改变少数服从多数的原则，况且，民主政治的本质是为人民服务，人工智能技术在政治选举中的应用只是一个辅助，人们对于自己的信仰、立场始终都是以为个人、为国家的发展为前提的。任何技术的进步影响的只是社会机制，不会触及背后的政治权力规则。

　　关于人工智能对政治的影响，要一分为二地看，首先是排除短期隐患，保证政权稳定；其次是保持健康发展，即长期稳定。对于前者而言，造成短期不稳定的一般是暴乱或者革命，其本质是集体行动。长期不稳定主要是意识形态变化，其本质是缺乏认同感基础上的合法性危机。

　　如果我们假设人工智能对于政权稳定存在威胁，就要分开讨论。而在讨论之前，首先，对人工智能的内涵和外延加以界定。我们认为的人工智能，其核心是算法加数据，数据是输入，算法是对数据的处理，之后输出结果——应用的方向。其次，人工智能本身是抽象的，其作用的发挥要依托于一个具体的载体，类似于：钢铁侠的盔甲（载体）＋中枢控制系统贾维斯（人工智能）＝机器人。或者例如计算机、互联网等。

首先看短期不稳定（集体行动）。根据加值理论，同时满足以下条件就会产生集体行动：①结构性诱因，类似于政权更迭动荡；②结构性的怨恨和紧张感，类似于贫富差距引起的相对剥夺感；③概化信念的产生，类似于某种能够引起认同的话语（政治宣传口号）；④诱导性事件的出现，类似于某一个导火索事件发生；⑤有效的运动动员，通过动员将旁观者卷入；⑥社会控制能力下降，无法通过强制力控制阻止事件发生。

按照这个逻辑继续讨论人工智能是否直接对以上6个方面产生促进作用：

（1）人工智能是否能够直接导致政权内部斗争？不能，直接导致政权斗争的是政治家对于权力的追逐。

（2）人工智能是否能够直接导致贫富差距加大？不能，直接导致贫富差距加大的是资源配置与财富积累差异。

（3）人工智能是否能够直接导致对某种话语的认同？不能，对于某种话语的认同主要是一种心理的共情反应。

（4）人工智能是否能够直接导致某个导火索事件发生？不能，导火索事件的发生是随机的或者人为的。

（5）人工智能是否能够直接动员公众参加集体行动？不能，行动与否取决于个体对于行动成本收益的衡量以及个体意愿的综合计算。

（6）人工智能是否能够直接削弱政府控制力？不能，是否能够控制取决于集体行动的力量与军队警察等暴力机器力量的综合对比。

基于此，人工智能技术对短期政权稳定的威胁可以直接排除，与其针对人工智能进行控制，更应该做的是促进政体内部和谐、制定促进社会公平的政策、强化文化与风俗的教化作用、强化法治观念与对违法行为的惩戒、提升治安与国防能力……管控人工智能，对于防范直接威胁短期政治稳定而言，并未抓住主要矛盾。

政治的长期稳定，即意识形态和政治认同，主要是价值和文化层面的问题，另外也包括政府绩效所决定的合法性，也就是国家能力问题。除了需要依靠教育和宣传，政府还要通过执政行为持续传递一种可以被广泛接受的价值观。总而言之，要贯彻公正、平等、自由、民主等核心价值观，同时打造法治政府、有为政府。

人工智能对长期政治安全的间接影响，也就是人工智能技术被意图威胁政权稳定的人掌握，通过某种中介发挥间接作用，从事导致威胁政治安全的行为。与上述六个因素相对应，我们分别考察：

（1）间接利用人工智能技术进行政权斗争。

（2）间接利用人工智能技术进行财富掠夺或进行不公平的资源分配。

（3）间接利用人工智能对某一政治性话语的宣传和扩散。

（4）间接利用人工智能制造导火索事件。

（5）间接利用人工智能进行社会动员。

（6）间接利用人工智能对抗国家暴力机器。

发挥间接作用的路径很多，难以穷尽。举例而言，可以通过媒体推送信息进行议程设置；通过造谣、传谣煽动集体行动；通过传感装置采集行为数据，进行统计分析掌握公众偏好；通过人工智能从事金融市场活动，掠夺社会财富；通过截获信息、植入木马窃取隐私或机密信息；通过制造机器人与军队和警察进行对抗……

在这些行为中，由人工智能技术到媒介再到作用对象是一个包含较长逻辑链条的过程，控制人工智能确实可以起到釜底抽薪的作用，但是并不是一个经济的做法，因为如果断电断网，就更没有短期隐患可言了。所以好的治理是要在效果和成本之间把握平衡，也就是西蒙所说的有限理性原则。

另一方面，我们常说菜刀可以用来切菜，也可以用来杀人，关键在于使用工具的人出于什么行为动机。所以既然人工智能是间接发挥作用，就应该将管制的焦点放在发挥作用的媒介和使用人工智能的人，而不应将注意力全部集中在价值中立的工具上。

当然，人工智能作为一种工具与菜刀截然不同，主要区别在于人工智能不能像"举起菜刀搞革命"一样直接威胁政权稳定，而是间接发挥作用。

对于短期稳定的威胁放任不管肯定不行，但是管控行为过于极端，就会影响长期健康，甚至会制造长期稳定的隐患；同理，对于长期稳定的过分防范，也可能酿成短期的不稳定。例如针对人工智能技术和应用采取简单粗暴的管控方式，例如不许搞，或者搞好了全部充公等，所传递出来的一种信号，是否会与新发展理念中的"开放"相悖，而这一点很可能影响认同感，威胁长期稳定。如果为了长期的认同感和意识形态而采取急功近利的手段而非利用文化教化等润物细无声的手段，例如把人工智能描述成是"恶"的，不允许在信息传播过程中使用人工智能等，那么也许会直接制造或激发短期的矛盾和对立。所以治理不在于采取哪种手段，而是基于一种系统思维，在短期与长期之间权衡，在不同手段之间进行组合与抉择。

基于此，我们可以得出结论：当前的人工智能不会直接威胁政治安全，无论是短期还是长期。考虑间接影响的话，我们可以认为它或许会被卷入威胁短期或长期政治安全的行动中。但它本质上是价值中立的工具，重点防范的对象应该是使用它的人，或者发挥作用的媒介。

需要强调的是，人工智能不会威胁政治稳定却并不意味着人工智能没有威胁。人工智能真正的威胁在于如果盲目发展，可能会造成人工智能的自我进化，进而对全人类存续造成威胁（这一点在上一篇已经有所论述）。对于人工智能的发展要有控制，但是出发点和切入点不应该是政治安全，而应该警惕那些并非以威胁人类为动机的独立行为（无论是商业资本追求利益还是科研人员追求真理），结果却导致集体行为失控，对于人类存续产生威胁。就像"公地悲剧"中揭示的，每个人的短期理性行为会酿成集体的不理性行为。所以要对于人工智能的发展进行治理，而与人工智能的发展本身保持距离。作为非参与者应冷静清醒地去注视人工智能发展的一举一动。

Part 2

第九章

人工智能能否像
人一样进行艺术
创作

一、正方：人工智能只要按照掌握既定规则就可以像人类一样进行诗歌、绘画等艺术创作

1. 读书百遍，其义自见：微软小冰的诗集《阳光失了玻璃窗》

先看看下面两首诗，你认为是人类的作品还是人工智能创造的？

香花织成一朵浮云

像花的颜色

也渐渐模糊得不分明了

蘸着它在我雪净的手绢上写几句话

钢丝的车轮在偏僻的心房间

香花织成一朵浮云

有一模糊的暗淡的影

是我生命的安慰

只得由他们亲手烹调

我的爱人在哪

快把光明的灯擎起来了

那里有美丽的天

问着村里的水流的声音

我的爱人在哪

因为我的红灯是这样的幻变

像是美丽的秘密

她是一个小孩子的歌唱

那时间的距离

其实，这是微软小冰的诗歌。2017年5月19日，小冰的第一部诗集《阳光失了玻璃窗》在京首发，这是人类文明史上第一部由人工智能撰写的文学作品。之前，自2017年2月起，小冰在天涯、豆瓣、贴吧、简书4个平台上使用了27个化名发表诗歌作品，比如"骆梦""风的指尖""一荷""微笑的白"，几乎没有被察觉出这些诗歌非人为所作。

《阳光失了玻璃窗》总策划董寰介绍小冰时说，"她会唱歌，会主持，会卖萌，会'撩'人，也喜欢被'撩'。她年轻，可以夜以继日地工作、学习。"当看到一张图片后，"小冰"会产生灵感，并有感而发，创作现代诗词。

小冰的第一部诗集《阳光失了玻璃窗》发布会

2. 小冰"学习"了近百年来 519 位诗人的诗

为了达成写诗技能，小冰"学习"了20世纪20年代以来519位诗人的现代诗，被训练超过10000次。人类如果要把这些诗读10000遍，大约需要100年。

小冰之父——微软"小冰"团队负责人李笛透露，一开始时小冰写出的诗句毫不通顺，但现在已经形成了"独特的风格、偏好和行文技巧"。据介绍，基于微软提出的情感计算框架，小冰拥有较完整的人工智能感官系统——文本、语音、图像、视频和全时语音感官。小冰创作诗歌的过程是这样的：从灵感的来源、本体知识被诱发、黑盒子创作到创作出成果，而最初的诱发源已经失去了意义，升华成思想和情感的诗歌。

诗集中，小冰将寂寞、悲伤、期待、喜悦等1亿用户教会她的人类情感，通过10个章节以诗词的形式展现在这本诗集里。《阳光失了玻璃窗》中的诗歌，有风景描写，也有内心情感的描写。

针对人类的情感和创造力是可以复制的话题，沈向洋博士认为，未来5年，这个星球上每个人的工作和生活，都将与人工智能的成果发生关联。因此，微软研发团队在3年前就开始探讨"情感计算框架"的可实现性。"于是我们创立了'微软小冰'这个项目，试图搭建一种以EQ为基础的、全新的人工智能体系。3年来，这个尝试所取得的成功超过了预期。"

3. 人工智能绘画，是创作还是笔画组合

2017年，谷歌推出一款人工智能画图软件AutoDraw，用户只需

随手涂鸦，软件就可以根据你描绘的一些线条来帮你识别出你想画的内容，并为你匹配相近或者更好的图片效果，让你迅速画出想要的作品。

AutoDraw能做到的不仅仅是识别你在画什么，它甚至能帮你补完未完成的涂鸦，纠正其中的错：如果你画了一只三只眼睛的猫，AutoDraw会去掉一只眼睛。

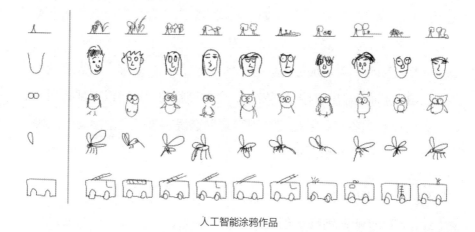

人工智能涂鸦作品

这意味着，AutoDraw已经拥有了我们所说的抽象思维，它并非仅仅是按照历史数据规整图画的线条，而是"知道"眼睛这一概念，并且知道猫只有两只眼睛。

AutoDraw是如何画出和人类一样的涂鸦作品的呢？其实这要归功于人工智能系统SketchRNN和人类自己。在推出AutoDraw之前，谷歌推出了一款叫"Quick, Draw!"的绘画小程序。"Quick, Draw!"其实就是人与人工智能合作的"你画我猜"。系统随机显示一个名词，要求用户在20秒内把它画出来。用户用鼠标简单画出物体形状后，"Quick, Draw!"会判断你画的到底像不像，并且会显示出除了题目之外，你的画还像什么。显然，这是一个收集数据的好方法。仅仅半年时间，就有来自100个国家的2000万用户，在"Quick，Draw！"上共绘制了8亿幅涂鸦。当我们在"Quick，Draw！"上作画时，SketchRNN会记下我们每一笔的形状和顺序，为每一种特定物体（如猫、椅子等）训练出一种神经网络。把人类涂鸦的笔画当成输入，进行序列编码，用人们的绘画方式来训练神经网络。完成这一训练后，SketchRNN就了解了某一图案绘画时的"一般规则"，比如我们画猫时，会画一张圆脸，两个尖耳朵，两只眼睛，六根胡须。SketchRNN就能明白，一个大圆、两个小圆、六根线和两个尖角加起来就是"猫"。然后，再向其中引入变量，让SketchRNN可以输出和接受随机性。比如猫脸的圆形可以不那么圆，猫的胡须可以长短不齐。但是三只眼睛这种错误超过了变量浮动的范围，是会被SketchRNN修止的。

SketchRNN虽然神奇，可很多人认为这项技术的实用性比较差。因为SketchRNN能识别甚至创造图形的原因是团队为每一种图案都训练了一个神经网络。能做到这些，离不开"Quick，Draw！"收集到的庞大数据量，更离不开TensorFlow的强大算力。

但也有人认为，"笔画"是世界范围共用的沟通方式。象形文字、壁刻画式的线条都会对人类大脑形成一种天然的刺激，人类的艺术创造越来越具象，或许展示了一种大脑和思维进化的可能。按照这个逻辑，SketchRNN或许能为我们找回曾经的思维方式，在未来帮助考古、史学、人类学等领域更好地进行研究。

二、反方：艺术创作是人类主观意识的体现，人工智能无法创作出有感情的作品

对于人工智能能否创造艺术，首先我们要了解什么是艺术，即艺术的本质。艺术的本质决定着艺术是艺术而不是其他，目前的人工智能并不能创造艺术，目前的人工智能只是人类创造艺术的一种工具。关于艺术本质的学说，有柏拉图的客观精神说，还有主观精神说，以及马克思的高级社会意识形态说等。

首先，客观精神说认为"理念世界是第一性的，感性世界是第二性的，艺术世界仅仅是第三性的"。客观精神说认为艺术是"影子的影子"，那么我们探究一下什么是理式世界，这有两只羊，走了一只，只剩下一只羊，虽然羊走了，可是数字2依然存在。接下来我们探究一下这些理式是如何产生的。例如数字0，它属于理式世界的一部分，然而它又是公元5世纪印度人发明的。又如飞机，它是人们正确认识并运用客观规律所创造出来的。如此说来，理式是人类所创造发明的一种非物质，是人类思考的产物。在计算2加4的时候，计算机是不是在思考呢？我不认为计算机在思考，就像儿时数手指头进行计算一样，伸出2根手指后再伸出4根手指，之后再数数，数出6根手指，得到6。儿童的这个过程与计算机的计算过程的不同之处是什么呢？

1. 结果一样，过程不一样

人工智能可以创造出与人类作品一样的产品，但这不是艺术，这只能称为产品。艺术需要与创造者本身的处境、情绪、情怀等联系在一起，甚

至是作者的人生阅历都反映在艺术作品中。杜甫写的诗歌，与其背后的爱国情怀、颠沛流离的生活相联系，与其写诗时的处境、情绪相关联。

机器人写了一首诗，它是像人类一样思考写出来的吗？根据人工智能产生作品的过程，只不过是输入大量人类作品后，模拟组合，形成类艺术品而已。因此，人工智能并不能思考，也就不能创造艺术。如果是这样，我们如何解读和欣赏人工智能的作品呢？

2. 一千个人眼中有一千个哈姆雷特

艺术在创造完成之后，读者和欣赏者的解读同样重要。人类的作品才能真正被人类解读。而机器人的作品，我们无法与之产生思想和情感的共鸣。例如，当我们朗读海子（原名：查海生）在1989年1月写的一首诗《面朝大海，春暖花开》时，有人看到了诗人对质朴、单纯而自由的人生的向往；有人体会到了人生的孤独和凄凉，所以才会只愿面朝大海，春暖花开。处于不同人生阶段，经历不同人生遭遇的人，对同一首诗歌的理解往往有所差异，这就是感情的变化。而作者自己写作时的心情和遭遇对诗歌的文字影响也很大。根据诗人当时的遭遇，我们更能产生共鸣。这正是诗人的作品与机器人的文字组合的区别。诗人海子在写下这首诗的同年3月卧轨自杀，也就是在写下这首诗两个月后。这是诗人对现实生活的绝望，现实与自己向往的生活的巨大落差，让诗人无法忍受？还是死后只有精神世界才可能面朝大海，春暖花开？不管怎样，机器人小冰不会为此自杀。

面朝大海，春暖花开

从明天起，做一个幸福的人

喂马、劈柴，周游世界

从明天起，关心粮食和蔬菜

我有一所房子，面朝大海，春暖花开

从明天起，和每一个亲人通信

告诉他们我的幸福

那幸福的闪电告诉我的

我将告诉每一个人

给每一条河每一座山取一个温暖的名字

陌生人，我也为你祝福

愿你有一个灿烂的前程

愿你有情人终成眷属

愿你在尘世获得幸福

我只愿面朝大海，春暖花开

3. 小冰的写作充其量是个语言游戏

"小冰"的"写作"乍一看像诗的形式，好像也有那么一点诗的朦胧，但是，如果细看，充其量就是个文字游戏而已，缺乏思想的律动、感性的涌动和思维的逻辑。例如，《香花织成一朵浮云》，"香花织成一朵浮云／有一模糊的暗淡的影／是我生命的安慰"，读起来感觉像是诗，"模糊的暗淡的影"像是在描述一种心情，但由于没有抒情线，失去了诗歌的灵魂，即使"是我生命的安慰"，像是在抒发一种感情，却让人摸不着头脑。作者经历了什么，到底在安慰着什么？而接下来的一句"只得由他们亲手烹调"更是与前面几句牛头不对马嘴。

诗人写诗是思想感情的一种表达，文字的背后既可能是诗人的所见所闻及其经历和遭遇人生百态的体现，也可能是诗人对人生哲理的思考。例如，陆游的《示儿》是陆游的绝笔诗，作于宋宁宗嘉定二年十二月（1210 年元月），此时陆游 85 岁，一病不起，在临终前，给儿子们写下了这首诗。这既是诗人的遗嘱，也是诗人发出的最后的抗战号召。是其一生致力于抗金斗争，虽然频遇挫折，却仍不改初衷的思想表达。如果同样是机器人"小冰"写下这首诗，我们看到的只可能是文字的组合，没有思想的文字只能是"行尸走肉"。

示儿

死去元知万事空，但悲不见九州同。

王师北定中原日，家祭无忘告乃翁。

4. 人工智能永远无法代替艺术创作

人与人工智能的区别在于，人类有丰富的情感，艺术也源于人类对于自身情感要素的体会，是表现人类情感概念的符号。音乐里如果没有爱，那就不是音乐，只是一串信息。演奏者紧张的心跳声、急促的呼吸声、翻看乐谱的声音，这些让音乐更加立体，更加真实。甚至演奏者的不完美乃至失误，都是欣赏的一部分。

在这个人们都在担心人工智能代替人力劳动的时代，艺术创作不会被机器代替。

第十章

未来战争，人类是否还能掌握战争的决策权

一、正方：人工智能武器和系统逐渐将人排除 OODA 环，人类的决策权将越来越少

军事智能化对未来作战模式的影响主要体现在以下几个方面。

1. 决策过程发生改变，武器装备拥有更多的决策权

战争决策既是一种艺术，也是一门科学。它是作战体系的中枢神经，是战争制胜规则的核心部分，智能决策可以通过数据挖掘、智能识别、辅助决策等手段，对海量信息进行去粗取精、去伪存真，减少主观误判干扰，确保指挥员客观判断形势，下定正确决心，通过提升指挥决策的正确性，大大提升作战效率和胜出概率。

过去，高层指挥官拥有比低级指挥官和操作员更充分的信息，因此由高级指挥官做出决策的战略一般效果更好。但是随着 GIG 和 JIE 的建立，许多基层指战员能够获得与指挥官一样的信息，那么拥有专业技能，能够最快地处理信息以建立最好的态势感知的人，就更有理由具有武器释放权。

再如，对于具备一定自主性的武器装备，可以通过调整某些决策模式，由智能武器自主判断，这不仅有利于缩短决策耗时，也有利于根据战场态势迅速变化策略。这显然已不再是简单的决策权下放，而是信息

化、智能化的作战环境在推动未来战争的决策模式持续优化。

目标管理主导战争

由于人工智能武器在处理信息和快速反应方面的优势，未来作战中，指挥官更多地是制定方案，确定目标，而具体实现路径，甚至具体过程都可以由人工智能武器自己选择。

关键节点人工干预

对于未来战争，人类的主要价值将主要体现在关键节点的决策上，人不但不会退出"观察－判断－决策－行动"循环，反而是在"人在回路"的战争巨系统中居于核心地位。人类拥有对人工智能技术的否决权，并拥有最终的军事决策权。因此，如何利用人工智能的高效率，又提高人在决策环中的价值，是需要深入研究的重大课题。

2. 人机协同作战将成为未来作战的主要行动方式

人机协同作战是在网络化对抗环境下，有人与无人装备联合编队实施协同攻击的作战方式。其中，具备战场决策及战术控制能力的人类士兵作为"指挥后端"，携带制导武器或各类情报、侦察和监视传感器的智能无人装备作为"武器前端"，在信息网络的支持下，人类士兵与智能无人装备通过密切协同，共同完成态势感知、战术决策、火力引导、武器发射及毁伤评估等行动。根据美国陆军研究实验室的观点，2035年前，人机协同作战主要采取人在回路上的监督自主式作战；2050年前，将实现人在回路外的授权自主或完全自主式作战，正式拉开机器主战的智能化战争序幕。

3. 精确打击、定点清除等作战模式更加成熟

智能化弹药指具有信息获取、目标识别和毁伤可控能力的弹药，主要包括导弹、精确制导炸弹等。智能化弹药的特点是具有自记忆、自寻找、自选择、自跟踪、自识别的能力，减少人在观察、瞄准、打击环节中的干预，毁伤效能和精确程度极大提高。

一是智能导弹"自己看着打"。智能化导弹系统将可在瞬息万变的战场环境中准确、连续地跟踪目标，具有自主探测、自主处理情报监视和侦察信息、自主识别敌我、自主灵活采用弹药载荷等多种功能，并可自毁和回收。美国"战术战斧"导弹可在战场上空盘旋2小时，在预先计划的多个目标中根据目标实际毁伤，重新规划航迹、重新选择目标进行攻击。

二是仿生弹药演绎"新概念"。仿生弹药将是一种小型化自主攻击弹药，除可以杀伤指定的目标外，还可以提供近距离的情报、监视与侦察信息，具有增强的弹药灵活性、态势感知能力、自主能力、隐身能力、目标探测能力，并可在有限的空间内使用。美国航宇环境公司研制的"蜂鸟"仿生弹药已成功完成样机飞行试验，该弹采用扑翼设计，重19克，飞行速度约18千米/小时，主要用于复杂环境的侦察任务。

二、反方：人不但不会退出 OODA 环，反而在"人在回路"的战争巨系统中居于核心地位

人工智能可能失控

人工智能技术的投入使用使人类减少了杀戮的负罪感，无形中扩大

了无辜人员的伤亡。一旦失控，还可能引发人工智能毁灭人类的可能。

智能化武器只能被智能化武器或者更智能化武器打败。例如，网络空间的大多数行动者都将别无选择，唯有实现相当高的自主水平，否则会面临被"机器速度"对手打败的危险。

就像没有数据库的银行无法与有数据库的银行竞争一样，没有机器学习的公司也无法赶上采用了机器学习的公司，这就好比长矛对机枪。机器学习是一种很酷的新技术，但这不是企业接受机器学习的原因。企业之所以接受机器学习，是因为它们别无选择。

——佩德罗·多明格斯 《主算法》

将机器学习引入军事系统中会形成新型漏洞，以及以机器学习系统的训练数据为目标的新型网络攻击。例如，由于机器学习系统依靠高质量数据集来训练其算法，因此将所谓的"中毒"数据注入那些训练中可能会导致AI系统以不受欢迎的方式运行。

自主系统能以不可思议的飞快速度做出决定，这个速度比人类在没有机器的帮助下监视、制止自主系统时的速度要快得多。由于自主系统的速度很快，因此意外的交互和误差会很快失去控制。

随着机械制造水平和智能化程度的提高，未来智能武器出现机械故障的可能性减小，但出现软件故障的可能性大增。根据墨菲定律，凡是可能出错的事必定会出错。武器的智能化程度越高，其内部计算机控制软件的规模就越大、越复杂，出现故障的概率也就越大。在成千上万条命令代码中，即使搞错一个符号，在特定条件下一旦触发这个错误，整个系统就可能要么停止运行，要么出现意外举动。2005年，美国空军几架战斗机在一次编队飞行时，一架战斗机突然自动向地面重要设施发射了一枚导弹，并造成严重事故。经查明，事故原因是飞机的火控系统计算机出了故障。

此外，智能武器受到复杂电磁环境干扰易失控、判断失误。一旦失控，最直接的影响就是分不清敌我，搞错攻击对象，对自己人甚至是平民、无辜百姓发动攻击，造成不必要的伤害和损失。未来人工智能水平提高后，特别是具备自学习和自进化能力后，计算机的"智商"不断提高，可能会出现类似人类"思想"的高级思维活动，以及只有人类才具备的喜怒哀乐、自我认同、妒忌羡慕、征服欲望等复杂情感。那么机器人统治人类世界的危险系数极高。

另外，从风险分析来看，人工智能之所以给人类带来安全风险，一方面是人工智能技术不成熟造成的，包括算法不可解释性、数据强依赖性等技术局限性；另一方面是人工智能技术在应用和滥用过程中对不同领域造成的影响和冲击，具体到军事领域，人工智能带来的风险和挑战，除了技术局限性和不成熟性带来的风险，还包括对现有战争机理的改变，对战略稳定性的冲击，对战争伦理道德的挑战等。为了更好地说明这一问题，我们从智能情报系统的误判风险、辅助决策系统的安全风险、自主武器系统的安全风险三个方面进行分析。

（1）智能情报系统的误判风险

基于人工智能技术的感知系统可广泛用于情报、监视和侦察任务，但是这种智能情报系统存在误判的风险。首先，智能情报系统的视觉感知是基于已有的图像数据集进行训练，数据的数量和质量都会影响人工智能的情报判断的准确性。其次，人工智能的计算机视觉与人类的认知方法是不同的。人工智能系统在接受训练后能够对物体或人物图像进行识别和分类，但却并不能像人类一样理解对象的含义或概念。当面临新的图像数据集时就会做出错误的判断。最后，智能情报系统还可能被欺骗做出错误判断，即对抗样本攻击。例如，将一小块精心挑选的胶布粘贴到交通信号灯上能够使人工智能系统判断失误，把红灯判断为绿灯。2019年8月，来自莫斯科国立大学和华为莫斯科研究中心的两位研究人员公布了一项研究结果，只需要用普通打印机打印一张彩色贴纸贴到帽子上，就能使ArcFace等业内领先的人脸识别系统做出错误判断。在作战中，这种错误有可能导致对攻击目标的错误判断，误伤平民或者己方人员和设施。

思考：在战争中，如果采用对抗样本攻击故意使对方的人工智能系统无法分辨军人与平民、军事设施和民用设施，导致错误的攻击，谁承担责任？

（2）辅助决策系统的安全风险

人工智能辅助决策系统在军事上的应用可加快数据处理速度，提高对象识别能力，提高人机交互水平。DARPA于2007年启动"深绿"（Deep Green）项目，将人工智能引入作战辅助决策，它通过对OODA环中的观察和判断环节进行多次计算机模拟，提前演示不同作战方案可能产生的各种结果，对敌方行动进行预判，协助指挥官做出正确决策。但是，辅助决策系统的安全风险也同样不可忽视。首先，战场环境的改变和战场的复杂性可能使人工智能系统做出错误判断，从而影响指挥官的决策；其次，如果战争双方均采用人工智能辅助决策系统，在战场上对抗双方部署的人工智能系统会使环境复杂化，超出一个或多个系统的解析力，进一步加剧了系统的脆弱性，并增加了事故和失误的可能性；最后，人工智能使决策流程和时间被大大缩短，国家之间因意外事件导致的冲突升级风险大大提升。如果人工智能参与核打击的决策，后果将更加严重。美国国防部前副部长罗伯特·沃克曾以俄罗斯的"周长"核武控制系统为例说明人工智能不应参与管控核武器，因为它们会根据某些指标或数据做出错误判断，启动核武器。在特殊情况下，人工智能可能会误判一些潜在威胁，从而更轻易地引发核战争。

思考：如果辅助决策系统显示敌人马上要对自己进行核打击的概率是60%，我们应该如何抉择？是先发制人，还是静观其变？

（3）自主武器系统的安全风险

自主武器系统可以实现"非接触、零伤亡、低成本"的战争，降低了战争的门槛，很可能会导致武力的滥用。同时，自主武器系统无须人类干预自行决策的特点，割断了战场上人与人的情感关联，减少了攻击方的负罪感，有可能引发人道主义危机。由于缺乏价值判断和主观考量，自主武器系统可能无法合理评估对平民或民用物体的伤害，做出错误的攻击行为，违反相称性规则。如果自主武器无法适应战争态势和环境的变化，自主武器系统还可能违反区分原则，误伤平民。而如果允许自主武器适应环境变化，实现自我进化，则有可能失去人类控制。自主武器系统迫使人类重新思考战争法的主体界定、适用范围和基本原则等

Part 2

内容，使现有的战争法面临严峻的考验。

思考：在各利益相关方都事先认可人工智能具有"自我进化"可能性的情形下，程序"自我进化"导致的后果，该由谁负责？"谁制造谁负责""谁拥有谁负责"？还是"谁使用谁负责"？

第十一章

人工智能是否有利于舆论的引导

一、正方：利用人工智能技术可以更好地实现舆论引导、精准传播

1. 大数据技术成为政府舆论引导的有效手段

随着移动互联网技术的发展，各种形式的社交软件等新媒体如雨后春笋般涌现。新闻舆论的传播从传统纸质媒介、广播电视等形式逐渐扩展为电子媒介、网络终端等自媒体形式。自媒体具有平民化、个性化的特点，在传统媒体时代，报纸的出版、电视节目的播出存在一定的门槛限制，大众只是媒体的受众，从报纸、电视等渠道获取信息。在新媒体时代，每个人都可以十分便捷地注册媒体号，拥有自己的信息传播平台，在平台上发表自己的观点。新媒体为大众提供了一个展现个性的平台。新媒体信息的表现形式可以是文字、图片、视频甚至是实时直播，并且可以随时随地进行发表。网络媒体还具有传播迅速的特点。

有偿删帖漫画

新媒体的发展使人们的生活变得更加丰富多彩，随时随地将自己的观点、感受等分享给身边的家人、朋友及某些素不相识的粉丝。新媒体具有

自由性和交互性的特点，因此新媒体也可能被利用，成为谣言迅速传播的推手。由于大众个体的认知能力不同，因此对信息的甄别存在难度，也可能不知不觉间成为谣言传播的媒介。个人经历及价值观的不同，也造成了网络上对同一事件的不同观点，新媒体不仅成为个人观点的集散地，也可能成为个人情绪的宣泄场，许多观点的发表带着浓厚的利益驱动和主观色彩，某些网络大咖的观点也影响着大众的价值取向和思维判断。网络舆论是民众表达心声的公共空间，对于提高政府信息公开和依法执政起到监督作用，同时舆论也关系着社会稳定，因此这对政府的执政能力是一个考验和挑战。网络负面情绪的宣泄往往也隐藏着某些潜在的社会问题，政府必须对舆论信息进行管控和化解，尤其是在重大危机事件面前，正确的舆论引导显得更加至关重要。

传统媒体时代，政府往往在主流政府媒体上进行正面事迹的报道和宣传，引导大众对主流价值观的认同。舆论的主体是政府，其传播方式是单向引导型的。在新媒体时代，政府仍然可以通过主流政府媒体进行舆论引导，但是网络民众也可以通过新媒体进行自身观点的表达，新媒体的出现赋予了民众活跃表现的机会，同时也削弱了政府媒体的话语特权。舆论的主体不仅是政府，还包括所有的网络民众，尤其是一些网络大咖，拥有众多的粉丝，他们的观点也具有很强的社会影响力。新媒体的出现在某些情况下是对政府媒体舆论的制衡，舆论的传播方式由单向引导型转变为双向互动型。这种舆论传播方式的转变，也促使政府必须有效获取民心民意，快速准确地掌握民众关心的热点社会问题，积极主动地发布信息，从而引导网络民众的情绪，化解舆论危机。

舆论信息的多样性、海量性及低价值密度的特点，使大数据技术成为政府舆论引导和管控，快速准确获取舆论信息热点的有效手段。大数据技术包括数据收集、数据存取、基础架构、数据处理、统计分析、数据挖掘、模型预测、结果呈现，具有数据量庞大、数据格式及形态多样、数据处理实时快速、数据处理结果准确性高、数据隐含价值大的特点。美国哈佛大学教授加里·金指出，无论在学术界、商界还是政府，大数据技术将使所有领域发生革命性的变化，它将改变社会各个领域的发展方式和进程。随着技术的不断发展，对大数据技术的研究和应用已经上升到国家战略层面，并且被赋予了提升国家治理能力的重要使命。2012年3月，美国政府公布了"大数据研发计划"，旨在提高和改进从海量、复杂的数据中获取知识的能力，发展收集、储存、保留、管理、分析和共享海量数据所需要的核心技术。2015年8月，我国国务院印发了《促进大数据发展行动纲要》，提出未来5～10年大数据发展和应用应实现的目标，旨在建立"用数据说话、用数据决策、用数据管理、用数据创新"的管理机制，推动政府管理理念和社会治理模式进步。从上述发展计划的发布可以看出，政府越来越意识到大数据技术的重要性。

新媒体的发展使社会舆论变得分散化、个性化和多元化，这对政府的舆论治理能力提出了严峻的挑战。大数据技术将改变政府管理方式，推动社会进步，对于提高政府的国家治理能力具有十分重要的意义。

2. 人工智能大数据技术有利于对舆论信息的分析

政府对于舆论信息管控的前提是对海量媒体信息的提取分类，然而互联网上的信息犹如浩瀚的大海，对媒体信息的人工提取则如大海捞针。人工智能技术的发展使互联网上信息提取分类成为可能。北京市献血办公室与北京大学社会学系采用大数据技术针对互联网上关于献血的负面舆论信息进行了信息分析与分类。互联网上的各种负面献血舆论及传统的错误观念，影响了大众献血的积极性，因此对各种言论进行搜集分析，从而制定有效的应对措施十分必要。该研究通过对互联网、社交网络和血液中心统计数据的收集整理，对2014—2015年关于献血领域的事实数据和网络负面舆论进行属性归类和特征分析。对上述媒体中的关键词、高频词汇进行分类汇总，并组建北京献血舆论库，对数据进行归类、划分、抽取和再分析。分析结果表明，网络新媒体和贴吧中，公众负面情绪的比例较高，分别占65.59%和50%，其中献血危害健康舆论是最为重要的影响人们献血行为的负面舆论，占到75%的比重。针对上述大数据分析的结果，看到了献血宣传工作的不足和努力的方向，在今后的工作中应积极探索将儒家文化体系下的仁爱观和无偿献血制度相结合，倡导仁爱、奉献、互助、无偿献血价值观，培育公众的无偿献血公益意识，让无偿献血理念深入人心。北京市献血办公室通过大数据技术，掌握了影响大众献血心理的主要负面舆论因素，从而为无偿献血宣传指明了工作方向。

微博以简短、快速的特点快速占领着社交平台的市场，仅以新浪微博为例，经过短短几年的发展，就拥有了5亿用户。因此，舆情的爆发地也逐渐转移到微博上，而且近几年的很多事件都是从微博引发的，从微博的实名制就能看出舆情的严重程度。微博舆情采集分析系统也成为高校研究的热点，湘潭大学对微博舆情系统中数据采集存在的若干问题进行分析与研究，提出了通过模拟登录采集网页，然后辅以优先队列来采集更有影响力的微博。东北大学采用Spark分布式大数据平台，自底向上设计并实现了一整套基于大数据的微博用户行为分析系统。该系统采用通过分布式多进程Python爬虫进行多节点实时数据采集，获取微博用户的行为数据。通过自然语言理解、人工智能判别等技术，对微博用户的行为数据进行预处理，然后采用Spark计算平台对数据进行统计分析，发现微博上的网络危害行为，最后将微博用户发布、转发内容中的正负倾向比例、热点信息、时间变化趋势等结果直观地显示出来。微博具有众多用户，使用微博已经成为当下人们的一种生活方式，微博用户的言论也多种多样。该微博用户行为分析系统实现了对微博用户发布、转发内容的采集、分析处理和结果呈现，能够为政府对微博舆论的实时监控提供有效手段，提高政府舆论引导与管控能力。

3. 大数据技术有利于政府对舆论的引导

面对新媒体时代舆论的特点，做好舆论引导工作是政府部门应急管理工作的重中之重。在新形势下仅仅利用政府网站发布灾情说明及救援成效无法完全应对屡禁不止的网络流言和公众质疑。大数据技术可以实现对网络舆论自动分析与分类，根据不同分类赋予相应的权重，重点关注高权重流言，精准定位不实言论，从而预估舆论走向，制定舆论引导策略，主动回应公众质疑，消除舆论对应急管理的偏见，提升应急管理舆论恢复效果。以爆炸案应急管理恢复工作为例。某爆炸案前夕，警方正在捣毁一处非法制造爆炸物窝点，随后该窝点发生爆炸。大量不实言论指责警方在行动中引发爆炸，但事实真相并非如此。此爆炸并非犯罪窝点爆炸，而是附近居民意外酿成的事故。面对群众误解，当地政府启用人机互动分析舆论源，精准定位不实言论的最初来源，并通过数据分析判断舆论走向，结合专家意见，通过微博及时澄清真相，遏制网络谣言，为政府化解舆论危机提供有力支撑。

大数据等人工智能技术能够实现对社会公共舆论信息的数据采集分析及处理，从而使政府部门精准掌握社会舆论的动态和热点问题。大数据技术同样能够获取关注社会热点问题的网络民众，这些网络民众是政府部门进行媒体宣传的潜在对象，而新媒体也成为政府舆论信息精准投放传播的渠道。新媒体往往能够通过网络爬虫锁定网站超链接，从而实现大范围的新闻内容的抓取和转载。在新闻信息精准投放方面，通过抓取用户原有社交账号的历史行为数据和社交关系数据，建立用户"兴趣图谱"，推断用户兴趣点，实现对用户的阅读内容推荐。在用户的使用过程中，不断追踪用户的阅读行为，获取更全面的用户数据，从而完善用户模型，提高信息传播的准确度。借助新媒体的技术优势，政府机构通过主流媒体发布的舆论信息，可以精准地传播到目标用户，大大提高了其舆论引导的能力。

二、反方：信息分化导致社会断裂，不利于思想统一与舆论引导

1. 信息孤岛与信息茧房的形成

人工智能技术将根据个人喜好推送信息，无形中强化了个人的观点，从而形成无数个个人信息孤岛，反而不利于舆论的控制，甚至引发社会分裂。

计算机技术及网络通信技术的快速发展使当今社会进入信息爆炸的时代，互联网上充斥着海量的碎片化的信息。这些海量信息给我们的生活带来了各种便利。当我们出门旅游时，再也不需要买一张当地的地

图，只要掏出手机就可以快速查到去往任何景点的路线。当我们想了解某一方面知识时，再也不用泡在图书馆里查阅报刊书籍，只要打开计算机，使用搜索引擎和各种文献数据库，便可以在家里或者办公室里了解所有的相关内容。科学技术给我们的生活带来便利的同时也或多或少产生了负面影响。网络搜索引擎使我们快速查找到同质同类信息，通过大量信息的输入，使我们形成了对该方面问题的看法，这也容易形成"信息茧房"。

信息茧房漫画

"信息茧房"的概念是由美国学者凯斯·R.桑斯坦在其著作《信息乌托邦》中提出的。他通过研究受众使用网络进行搜索和阅读的习惯后指出，在信息的传递过程中，由于人们并非为获取全方位的信息，只凭自己的兴趣对信息进行选择和接收，即只注意选择使自己愉悦的内容和领域，长此以往将使自己包裹在由自身兴趣引导的厚厚的"信息茧房"中而无法自拔。换句话说，在传统媒体时代，人们的信息来源是报纸、电视等，对于信息的接收是被动的、多元化的，因而人们看待事物的视角是全面而广泛的。在网络媒体时代，信息的传递不再是单向被动的，而是双向互动的，人们有权利主动去有选择地浏览信息，对信息的获取很大程度上受到个体喜好的影响。因此，在网络新媒体时代，人们对信息的接收有可能是狭窄而片面的。俗话说，"兼听则明，偏信则暗"，对于信息的狭窄而片面的接收，则会使人们对事情产生错误的认知，失去明辨是非的能力。

"信息茧房"的成因主要是人们存在选择性接触心理，对于自己感兴趣及与自己意见一致的内容会主动去接触，进而产生愉悦的情绪。通过对这些内容的接触，进一步强化了自身的兴趣点和观点，同时对与自己意见相左的内容产生抵触心理。由于自身的选择性接触，导致其兴趣和观点越来越同质化，禁锢了自己的思想，缺乏全面看待问题的能力。"信息茧房"形成之后，人们的思想被包裹了一层厚厚的蚕茧，使相左的信息难以进入，因此加大了舆论引导的难度。

每个人都是一座孤岛

随着新媒体的不断发展，互联网媒体企业之间的竞争也变得日益激烈。各种新媒体手机客户端不断出现，新媒体企业的主要收入来源是广告，因此新媒体必须拥有大量的用户，才能保证广告投放的有效性。新媒体客户端的用户和流量是企业赖以生存和发展的生命线。为了获取众多用户的青睐，越来越多的新媒体企业根据用户个人的喜好和行为习惯，进行信息推送，以满足不同用户群体的个性化需求。这类新媒体客户端普遍具有用户黏性强、渗透率高等特点，因此逐渐成为娱乐短视频和新闻客户端市场的主流。从当前的市场占有率来看，个性化推荐类客户端已成世界娱乐客户端和新闻客户端市场的主流。

下面以今日头条为个性化推荐类新闻客户端代表和以抖音为短视频客户端代表进行分析。今日头条改变了传统的新媒体内容生产者的身份，而是定位为信息聚合的平台，从网络上抓取各大主流媒体和自媒体的新闻信息，根据用户的个人定制需求和喜好进行信息推送。今日头条首先获取用户在其他社交软件中的历史数据，通过算法获取用户的兴趣点和行为习惯，依次进行信息推送。在用户的使用过程中，不断对用户的兴趣和行为模型进行修正，从而达到对信息精准推送的目的。在传统媒体时代，新闻信息的把关者是主流媒体，只有符合群体规范和正确价值观的信息才会进入传播渠道。而在新媒体时代，新闻信息的把关者是机器算法，信息的选择是根据用户的兴趣爱好进行的，并且被不断强化。今日头条的这一运作模式，无疑强化了用户的兴趣和行为习惯，加速了"信息茧房"的形成。抖音短视频的崛起更是进一步印证了智能推送新媒体的威力。抖音通过流量池设置、推荐算法等人工智能手段，根据播放量（完播率）、转发量、评论量、点赞量等指标筛选视频并推荐视频。对于观看用户来说，抖音会根据用户过去观看的习惯、购买数据、

Part 2

出行数据，甚至是聊天内容判断其喜好和需求，进行精准推送。除此之外，抖音还分析用户观看短视频时的心理变化和观看规律，不时地推送一些与你兴趣无关的其他视频，使视频内容多样化，避免因主题风格相对性集中化，导致视觉的审美疲劳。抖音推送经营池中的内容确保不同种类主题风格的有效占比，使用户永远保持新鲜感。

你看到的只是别人希望你看到的

在"信息茧房"效应下，人们接收的信息范围越来越窄，接收渠道更加单一，从而限制了人们视野范围的扩大。对于不感兴趣的信息，从不想得知变为无法得知。人们平时使用的新媒体客户端通常比较单一，并且成为一种生活习惯，当稍有闲暇便会打开客户端，浏览相关的新闻信息。单一的客户端使用习惯，减少了人们与外界现实社会信息交流的机会，将视野进一步禁锢到该客户端上，从而使人们生活在一个人为的模拟环境中，导致个体认知失衡。对于某些客户端，只要用户对某条信息进了点击，则会不停地推送类似的信息到用户手机上，并不需要用户主动进行搜索，长此以往，用户会过度沉迷并依赖于新媒体客户端，从而降低了用户独立思考判断的能力。"信息茧房"容易引发群体极化事件，使某些具有相同兴趣点的用户阅读同一新闻信息，在评论区进行评论，引发共鸣，因而导致舆论暴力。群体压力下，不同的"声音"难以存在，即使有持不同观点的人想要发表意见，迫于群体压力，也往往会选择沉默或附和，如此一来，群体内会保持高度一致的观念，人们很容易被这种群体情绪所带动，失去理智，甚至会有一些相当偏激的举动，出现群体极化现象。"群体极化"概念最早从社会心理学领域发展而来，它是指个人在进行群体决策时，先前已有的想法和观点在经过群体讨论之后得到强化，变得更加坚信这个观点，并且有可能比原来更加偏颇。在网络群体极化事件中，情绪型舆论越来越多，理性思考越来越少，网络舆论的责任通过万千网民的分担变得越来越小。某些群体的思维定式一旦产生，想通过正确的舆论进行引导将变得异常困难。由于在一些公共事件发生时，一旦政府的信息发布不够及时，网络上一些虚假和不实信息广泛传播，使受众盲目听信，在事件发展的后期政府或媒体发布真实正确的信息也难以被受众接受。

2. 你认为的传播只在特定的圈层

微信作为最重要覆盖主流用户最为庞大的社交平台，占据了用户大量的时间，已经成为用户最主要的网络空间之一。

随着微信越来越多占据用户时间，朋友圈里的社交关系进一步发展，圈层会越来越固化，志不同道不合的关系会被排除出好友关系或朋友圈关系，最终会变成朋友圈都是与自己品位一致的好友，这时圈层自然就形成了。

当茧房越来越局促，个人的知识体系和获取信息的渠道就被局限住了，很难获得圈层外部的信息，你接触到的信息都来自社交媒体、朋友、同事等圈子的直接反馈。圈子会把你的思维禁锢在圈子里，很难去感同身受其他圈层的认知，当该话题在圈子内传播时自然而然会形成世界都在传播的假象，人就被圈子蒙蔽了。

就像晋惠帝时期老百姓饿死时，晋惠帝大为不解地追问："百姓无粟米充饥，何不食肉糜？"很多人把它当笑话看，可偏偏自己无时不在经历这样的圈层偏见。

所以，被称为音乐诗人的歌手李健曾表示："我需要的是智慧和知识，但这些不能从朋友圈中获得。"他的逻辑当然不是说朋友圈不好，而是圈层和信息茧房很容易限制他的认知和新知识的学习。

3. 智能推送变成作茧自缚

第一，当你向用户推荐一个东西，某种程度上你推荐什么、不推荐什么就代表了平台的价值观。第二，用户对平台的主观感受，用户 A 和用户 B 对这个媒体的理解是不一样的，你喜欢通俗它给你的感觉就是个通俗媒体，你喜欢高雅它给你的感觉就是个高雅媒体。

其实在信息推送方面，从传播学上看，最大争议就是推送逐渐形成的比较大的茧房效应。机器对人的喜好和习惯有着深度学习的过程，如果你常常搜索并浏览低俗的东西，那给你推荐的内容只会越来越低俗。茧房效应的基本理解就是越来越个性化的内容推荐，会让人摄入的信息越来越窄，恰如作茧自缚的效果。

在算法里，除了协同过滤之外，还有一个目标优化，实际上是可以解决茧房效应的。我觉得"个性化推荐"本身不能成为定位，用户不会认识到这是个性化推荐，只能感受到这是什么样的内容。工具可以成为定位，搜索可以成为定位，但个性化推荐不行。

2002年诺贝尔经济学奖获奖者丹尼尔·卡纳曼写过一本书《思考，快与慢》。在这本书中，作者提出，人的大脑在思考事物时用到两套系统：一套系统是快系统，处理事物很快速，较少消耗脑力，依靠本能和大脑预设程序来处理信息，这套系统又快又省力，比如躲避危险、分析表情、识别情绪等；另一套系统是慢系统，在处理输入大脑的信息时是理性的、有逻辑性的，思考时需要调动大量基础记忆和脑力，需要消耗较多的能量，处理信息又慢又累，但是处理的结果更理性，更逼近现实真相。这两套系统，人类大脑都会用到，大多数时候是无缝切换，自动选择用哪一套系统。快系统看上去很不错，所有大脑会将慢系统的思考结果，通过反复训练，如同预装操作系统一样，安装到快系统中。

人们总说中国学生的数学能力非常强，中国学生计算速度明显比西方学生快，其中一大原因是，很多基础的计算方式和结果，已经预装到中国学生头脑中。比如九九乘法表，每个中国学生都被要求背会。在进行数学计算时，很多基础的计算过程是通过大脑的快系统完成的，慢系统只负责更为复杂的计算。这大大提高了整体的计算速度。

大脑这样的提前系统预装，确实可以提高思考的速度，对认知做出快速的反应，但是也存在一定的问题。

首先，如果预装的知识是错误的，那么后果就很严重了，跳过理性思考快速做出的反应，可能会严重偏离真实。心直口快惹祸害，遇事还是要三思。然而这有时却很难做到，预装的那套快系统已经独立于理性之外，总是自动运行，犹如脱缰野马，没有大力鞭策，很难驯服。

其次，错误更加隐蔽难以认识。如果说预装了错误的知识，我们还有可能知道是错的，还能回头用理性检验；如果自我蒙蔽、作茧自缚，错误就更加难以发现。

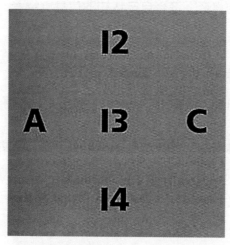

图中间的是数字 13，还是字母 B？

图中竖看是13，横看是B，中间的图案是什么，取决于大脑以什么角度去看。如果一个只预装了数字系统，而没有字母系统的大脑，无论怎么看，也只能看到数字13，而无法知晓这个图还可能代表其他意思。所以，我们认识事物时，如果仅仅依靠预装的知识体系，那么对事物的认识就会出现严重的偏差，甚至形成认识上的偏见。

然而可悲的是，这样的预装知识体系，在我们人生早期，就会通过教育和自我的认知学习，悄悄预装到大脑里，在之后的应用中不断被强化。

人类认知系统还是很简陋的。孕妇效应告诉我们，人会因为自身的关注，而对事物认识出现偏差。人总是倾向于相信自己愿意相信的，多、快、好、省地获取自我价值感和存在感是第一需求。

这样的结果就会形成事物认识上的信息泡泡。自己所接触收集的信息只是和自己有关的，忽略各种不同的声音。自己居于这个信息泡泡中间，被支持自己的声音、符合自己认知的信息围绕着，体会到舒服的存在感、自我价值感。

相对于自己愿意相信的、自己有意截取的信息，让人更难以察觉的，是以自己的知识体系而言那些根本无法认识的事物。

互联网的社群软件，各种信息APP的推荐算法，更是将这种信息泡泡不断扩大和巩固。群内成员都是熟悉的并持相同的观点，聊天默契而愉快。各种多巴胺算法的资讯推荐APP，不断用符合用户兴趣和认知的资讯投喂用户。

Part 2

人们所阅读的内容，塑造了现在的人们。人们每天所接触的内容，会不断变成认知预装在人们的大脑中，进而影响人们的气质、眼界、思想，最终决定人们的人生。

那些人们看不见的东西，最终塑造了看得见的自己。

4. 人人都有话语权，信息传播真假难辨

基于新媒体的网络舆论是一把"双刃剑"，它给普通民众提供了前所未有的话语平台的同时，也成为突发事件扩散和舆论引爆的平台。当前各种移动社交APP，如微博、微信、抖音等新媒体的快速发展，使政府部门的舆论工作的主战场由传统媒体逐步转移至新媒体。中国社会已经进入所谓的"大众麦克风时代"，人人都是记者，新媒体已然成为新的自下而上的新闻工具。新媒体作为社会舆论的集散地和宣泄场，加剧了社会的舆论风险。在社会突发事件中新媒体信息的快速传播，一些错误的信息极易伪造成"事实真相"，造成民众对真实情况的认知偏差，放大普通民众的非理性，从而导致网络暴力事件的发生。

Part 3

第三部分

人工智能时代的
挑战与治理

———

　　人工智能具有技术属性和社会属性高度融合的特征，其快速发展带给人类的收益是前所未有的。但是，如果不对其进行有效限制，人工智能一旦脱离人类期望的发展方向，其带来的危害也将是巨大的，甚至是毁灭性的。因此，需要给人工智能打造一款"规则"的牢笼，使其更好地服务人类。我们应当认识到：对人工智能的约束和监管并不是为了遏制人工智能的发展，相反，唯有安全的人工智能才能走得更远。同时，人工智能技术的不断发展和成熟也将有利于解决人工智能安全问题，因此，需要树立"审慎监管"的理念，在监管和发展之间取得平衡。安全是为了更好地发展，发展是为了未来的安全，一切出发点都是为了人类的共同利益。

———

第十二章

充满风险与挑战的
智能社会

如今人工智能已广泛应用到各行各业，推动人类社会发生广泛而深刻的变革。然而，人工智能技术是把"双刃剑"，人工智能也可能带来意想不到的安全问题，这引发了人们的普遍忧虑。从无人驾驶汽车撞人到自主武器杀人，从脑-机接口打造超级人类到人工智能自我复制，从"换脸""换声"制作虚拟新闻到通过算法、数据操纵选举，触目惊心。人工智能真的安全吗？人工智能是否会成为人类"最后的发明"？ 特别是人工智能应用到军事领域，世界是否会陷入比核军备竞赛更为可怕的"人工智能军备竞赛"？

一、人工智能发展带来的风险不可避免

人工智能安全是伴随人工智能的产生和应用而出现的，如同用电安全与电，网络安全与网络，只要有人工智能存在，人工智能安全问题就不可避免。早在1940年，科幻作家阿西莫夫提出机器人三原则时，实际上就已经在考虑人工智能安全问题了。

人工智能之所以给人类带来安全风险，一方面是作为人工智能核心的算法和数据存在着潜在的安全问题，另一方面是人工智能在应用过程中给各个领域带来的安全隐患和冲击，包括政治安全、军事安全、经济与就业安全、隐私与数据安全、伦理与道德安全等方面的风险。这一方面是其特点决定了在使用过程中对不同应用领域产生的改变，另一方面

是其技术扩散和滥用的风险。

我们认为，目前的人工智能具有难以避免的缺陷，是无法完善的，任何时候不要绝对相信人工智能系统。

1. 算法引发的安全风险

人工智能不同于其他产品和系统，其具备自主性、自适应等特点，客观上承担了人类的一部分判断和决策的功能，而这一功能需要通过人工智能算法来实现。算法的安全性和可靠性直接影响了人工智能系统的安全。首先，从编程的角度来看，任何算法都无法确保完全安全、可靠、可控、可信，任何的算法偏差都可能导致结果的不同，甚至"失之毫厘，谬以千里"。其次，人工智能算法本身可能存在漏洞，存在被利用和攻击的风险。可以针对人工智能的模型特点进行信息伪装，从而误导人工智能做出错误判断。另外，人工智能还存在"算法黑箱"这一固有缺陷，作用机制难以让操作和部署此类机器的人员完全理解，结果也更加难以预测。

COMPAS是一种在美国广泛使用的算法，通过预测罪犯再次犯罪的可能性来指导判刑，而这个算法或许是最臭名昭著的人工智能偏见。根据美国新闻机构ProPublica在2016年5月的报道，COMPAS算法存在明显的偏见。根据分析，该系统预测的黑人被告再次犯罪的风险要远远高于白人，甚至达到了后者的两倍。

可能你在直觉中也会认识黑人的再犯率会高于白人，但这并不和实际情况相符。在算法看来，黑人的预测风险要高于实际风险，比如两年内没有再次犯罪的黑人被错误地归类为高风险人群的概率是白人的两倍（45%∶23%），而未来两年内再次犯罪的白人被错误地认为是低风险人群的概率同样是黑人再次犯罪的近两倍（48%∶28%）。

2. 数据引发的安全风险

1）数据何以影响人工智能安全

目前，应用广泛的人工智能大多处于依赖海量数据驱动知识学习的阶段，数据的数量和质量是决定人工智能性能的关键因素。与人类不同，这种人工智能没有可用的基础知识，它们所有的知识都来自接触的数据——无论是训练数据还是通过与环境进行的试错交互得来的数据。人工智能系统根据数据学习如何思考和行动，不同的数据集会使人工智能产生不同的训练结果。这种数据依赖使人工智能存在严重的风险隐患。在含有较多噪声数据和小样本数据集上训练得到的人工智能算法在面对新场景时，会做出不准确甚至错误的判断，并可能导致系统崩溃。错误或者有偏差的数据可能训练出错误或者带有偏差、偏见的人工智能，就像不少科学家以"吃垃圾、吐垃圾"（garbage in, garbage out）这句话，形容"数据和人工智能的关系"。

2）暗黑数据打造的精神病"诺曼"

关于数据依赖问题，麻省理工学院媒体实验室曾在2018年进行了相关实验。他们采用深度学习方法，开发一种能够根据图像生成文本描述的人工智能程序，即人工智能看到一张图像，就会自动产生文字或标题来解释它在该图像中看到了什么。麻省理工学院的实验人员选取了不同的图片集对其进行训练，其中，使用充斥着令人不安的死亡、尸体等暗黑内容的Reddit子论坛的图片集训练产生的人工智能"诺曼"与采用正常图片集训练产生的人工智能明显不同。他们将诺曼与其他的人工智能进行了罗夏墨迹测验（Rorschach Inkblots，罗夏墨迹测验因利用墨渍图版又被称为墨渍图测验，是非常著名的人格测验，也是少有的投射型人格测试，在临床心理学中使用得非常广泛。通过向被试者呈现标准化的由墨渍偶然形成的模样刺激图版，让被试者自由地看并说出由此所联想到的事物，然后将这些反应用符号进行分类记录，加以分析，进而对被试者人格的各种特征进行诊断）发现：同样一张图片，正常的人工智能从图像中看到的都是较为常态或乐观的意象，例如小鸟、鲜花，但诺曼看到的多偏向冲突性、死亡场景，像是被枪杀、触电而死等内容。例如，正常的人工智能认为下面的内容"是一群鸟坐在树枝上"，而诺曼的识别结果却是"一名男子触电而死"。

罗夏墨迹测验图片

3）人工智能的歧视与偏见

如果数据的偏差涉及人种问题，就会产生种族歧视和偏见。根据麻省理工学院研究人员对微软、IBM和旷视科技三家公司的人脸识别系统进行测试发现，由于三家公司采用的训练数据集大多使用白种人和黄种人的面部图像，三家公司的人脸识别系统对黑人的识别准确率要比白人的准确性低35%。

3. 人工智能应用带来的安全风险

人工智能作为新技术，在应用过程中会给不同的领域造成影响和冲击，产生安全风险，包括政治安全、军事安全、经济与就业安全、隐私与数据安全、伦理与道德安全等方面的风险。这一方面是其对不同的应用领域产生的改变，另一方面是其技术扩散和滥用的风险。

二、人工智能社会治理的变化与挑战

1. 人工智能带来政治权力的去中心化和政治结构的不对称性，给 国家治理带来新难题

权力分布呈去中心化图谱结构，权力结构日益多元和分化，这在一定程度上弱化了传统的线下多层国家权力结构和单向治理模式。在人工智能时代，智能技术将成为重要的"权力"元素，无论是政府还是公司、社会组织，只要掌握了大量的数据等智能技术，其权力就会得到强化。人工智能技术十分复杂、投资巨大，需要巨大数量的数据集合来创建人工智能场景应用，大的科技型公司可能垄断资源、垄断数据，形成不同于政府公权的特权。这也将在客观上加剧财富向少数人集中，可能引发社会矛盾。

2. 人与机器地位的变化，人类就业安全面临严峻挑战

人工智能发展很快，功能越来越强；越来越强的人工智能可以完成人类才能做的工作，代替人类胜任很多工作岗位，造成大量失业。要想分析哪些职业将被取代，主要看人工智能在哪些方面将取得显著发展，从而可以以更低的成本、更高的效率完成这些工作。可以说，未来，人类的失业史就是人工智能的技能发展史。通过深度学习，人工智能获得前所未有的发展，人类的高智力岗位和目前的高技术岗位也开始面临被替代的境地。翻译、编写新闻、写作、艺术创作、外科手术、律师、审计等这些以前认为无法被机器替代的岗位，现在看来也不保险。

3. 隐私问题日益突出，数据与算法安全刻不容缓

随着数据信息电子化和网络化，数据的获取和传播更加便捷，但同时也造成数据更易泄露和扩散。目前的人工智能由于对数据的依赖更加剧了信息的安全风险。一方面人工智能系统需要大量数据进行训练，并采取爬虫方式自动化获取大量个人数据；另一方面人工智能算法依据个人数据进行分析，对出行数据、购物记录、入住信息、身份信息数据、生物特征数据及其他敏感信息数据等进行关联，侵害公民的隐私权。

面对人工智能隐私与数据安全问题，为了限制企业侵犯数据主体的权利，各国相继出台了相关的法律法规，但各国都有自己的做法。欧洲主张先立法后发展，先把管理走在前面，法律不清楚不实行。2018年5月，欧盟出台的《通用数据保护条例》生效实施。其中一项重大修改就是删除权（被遗忘权）条款。这一条款极大地保护了公民作为数据主体的权利，但同时对企业利用人工智能获取、使用数据造成很大困扰。例如，当人工智能在已有数据上训练生成人工智能算法并推广应用之后，公民要求企业删除控制的数据和扩散出去的数据，企业有时候难以做到，或者成本巨大。如何平衡个人权利与社会发展，建立适应人工智能时代的法律体系成为各国关注的焦点。美国是案例制。中国一直以来的经验是发展是硬道理，先发展再管理。但人工智能涉及的安全问题往往事关重大，传导迅速，无法等到人工智能发展成熟再管理，应边发展边治理，把风险控制在一定范围内。快递小哥被算法所困正是由于我们的人工智能发展没有设立边界，导致人工智能程序不考虑交通规则，变相强制劳动，使快递小哥的生命处于风险之中，也违背了劳动法。

4. 人工智能发展对现有社会伦理规范、行为准则带来的冲击，带来诸多伦理道德问题

人工智能是否拥有独立人格？人与人工智能的关系是什么？是否允许人工智能对人类进行改造？是否允许人工智能自我复制？2019年7月，马斯克宣布，已经找到了高效实现脑机接口的方法。马斯克旗下神经技术初创公司Neuralink用神经外科机器人将直径几微米的导线"缝"入脑部，外部与一种定制芯片连接，用于读取、清理和放大来自大脑的信号。目前该系统已经在老鼠和猪身上实验成功，后续可能进行人体试验。一旦在人体上实现，意味着超级人类的诞生。但是超级人类是否还属于人类？超级人类是否会对其他人类构成威胁？这些问题需要我们尽快回答，并对是否允许在人类身上进行相关实验做出判断，并进行立法约束。

5. 群体组织模式变化，社会舆论失控风险

随着人工智能快速融入社会，政府治理将面临更大的舆论压力，挑战着政府治理能力。一方面，个性化推荐算法在为人们提供精准信息的同时，也可能使人们陷入"信息茧房"的困境，可能会造成群体极化进而产生网络暴力，也可能造成信息窄化而阻碍个体全面发展，甚至使认知陷入误区，社会舆论将进一步分化，社会分歧也可能因此而进一步加深。另一方面，大众掌握了更多传播信息的手段，能够轻易对现有的政府治理行为和结果发布不同舆论，一旦政府公关部门在时机、利益等方面处理不当，在一个分歧加剧的社会，有可能导致社会舆论失控风险。

6. 军事领域的人工智能安全风险分析

随着人工智能技术的发展，人工智能在军事领域的应用将不可避免，其安全风险将逐步显现。一方面，将人工智能用于军事后对战争机理的改变带来不确定因素。例如，我们不清楚人工智能武器背后的逻辑和意图，容易引发战略误判，擦枪走火。人工智能的欺骗模式、数据污染，又可能使战场模糊，增加了不确定性。如果交战双方均采用人工智能武器系统，由于人工智能系统可以根据对方的行为和模式进行调整策略，反之，对方的人工智能系统也会进行相应调整，最终将导致竞争博弈下的战争升级。另一方面，人工智能武器由于技术局限性和不成熟性，自身也存在安全风险，如智能情报系统的误判风险、辅助决策系统的安全风险、自主武器系统进化风险等。2019年8月，来自莫斯科国立大学和华为莫斯科研究中心的两位研究人员公布了一项研究结果，只需要用普通打印机打印一张彩色贴纸贴到帽子上，就能使ArcFace等业内领先的人脸识别系统做出错误判断。在作战中，这种错误有可能导致对攻击目标的错误判断，误伤平民或者己方人员和设施。

7. 规则制定滞后于技术发展

人工智能技术的快速发展使现有规则滞后于现实。传统意义上的法律条文，具有一定的滞后性，也就是说问题的出现总是先于法律条文的制定。在传统社会中，这种现象可看作一种理所应当的现象。在实践中，法律具有一定的前瞻性和稳定性，其所要调节的法律关系以及面临的司法实践问题，也具有一定程度上的可预见性和趋势性，因此规则滞后在时间上完全可以接受。

而人工智能时代，规则滞后将给社会治理带来极大隐患。人工智能的基本特性就是高度不确定性和高速变化性，映射到社会生活、商业活动或是武装冲突等诸多层面上，必将带来既有规则无法适用、立法速度无法跟上变化的现实挑战。层出不穷、高速变化的实践问题，甚至是不断发生的新问题，使规则约束与现实问题之间产生严重脱节，甚至与现实情况严重背离，从而使得成文法失去了规制对象、案例法失去了先验判据。

由于"法不溯及以往"的基本原则，人工智能领域恶意的研制者和使用者，有足够的理由、时间和空间规避法律规制。因此，我们必须在确保法治体系的严肃性和稳定性的基础上，寻找到更具弹性和适应性的立法技术和司法手段，以应对智能社会的频繁关系调整。

8. 责任空白与人工智能人格问题

人工智能产品和系统的责任划分问题与以往存在明显差异。在人工智能产品产生危害后，如何在人工智能的研发者、生产者、销售者和使用者之间划分责任，将是人工智能治理的一大挑战。例如，所有人都知道洗衣机是用来洗衣服，而不是用来洗孩子的。因此，如果有人把自己的孩子放进洗衣机导致孩子受伤，那么洗衣机的生产商或是销售者不会因此担责。同理，当一辆汽车在路上发生车祸，如果没有证据表明车辆存在生产上的缺陷或瑕疵，那么车辆所有者、驾驶者、事故的各有关方面就会通过交通法规进行责任划分，这些情境中各方所担负的责任都是清楚无异议的。但是，人工智能则不同，因为人工智能的能力在使用中不是一成不变的，而是不断改进的。换言之，人工智能系统能做什么、会怎么做，并不是在研制之初就确定的，而是通过不断使用来演进的。当然，这种能力不是完全取决于使用者，能力的基础仍然来自人工智能的研发者，那么在人工智能系统造成损失之后，我们如何合理的划分责任？应该归于使用者、销售者还是研发者呢？即人工智能的责任空白问题。

在这个问题的讨论中，部分人认为应该对人工智能的工具属性加以调整，改变传统意义上的法律条文中责任归因在"人"（自然人和法人）的基本原则，赋予人工智能一定程度上的法律人格。如果将机器或者算法赋予法律意义上甚至伦理以上的人格，我们不但无法解决人工智能如何治理的问题，反而会开启人类这个物种如何在地球上生存的问题。这个问题已经远远超出了人工智能治理本身，上升到了人何以为人的哲学层面，使问题更加复杂。

Part 3

第十三章

智能威慑时代

核武器威慑已经远没有智能威慑更有效。人工智能已成赢取下一场战争的关键。人工智能就像一头被锁住的猛兽，人类掌握着这把钥匙，大国之间谁都不想因此导致人类毁灭，从而促使智能威慑时代的到来。

一、各国竞相发展人工智能武器

1. 美国人工智能武器发展

美军很早就开始探索人工智能技术在军事领域的应用。美国国防高级研究计划局于2007年启动了"深绿"（Deep Green）计划，目的是将仿真嵌入指挥控制系统，从而提高指挥员临机决策的速度和质量。2009—2014年，DARPA先后启动了大量基础技术研究项目，探索发展从文本、图像、声音、视频、传感器等不同类型多源数据中自主获取、处理信息、提取关键特征、挖掘关联关系的相关技术。近年来，美国在军事装备领域部署了一系列人工智能技术研究项目。

美国的人工智能武器化是建立在其强大的军事网络和在数据、算法、算力等深厚的技术积累之上的，军事人工智能发展呈现出体系化的特点，既包括联合多域作战等作战理念，同时涵盖战场空间感知、指挥控制、力量运用、战场防护、后勤保障等各个领域的人工智能化。美国的军事传感器已经实现全频谱探测，机器学习、分析与推理技术已经实现以任务为导向、以规则为基础制定决策，运动及控制技术已经实现路线规划式导航，协同技术已经实现"人－机"和"机－机"间基于规则的协调。其他国家与美国在智能化的深度和广度上均存在很大的差距。

美国在人工智能的军事应用已经从理论走向现实，人工智能应用到军事领域迈出实质性步伐。在2017年4月，美国防部成立"算法战跨部门小组"，批准启动代号"Maven"项目，主要目的是加速国防部对人工智能与机器学习技术的集成，将国防部海量数据快速转变为可用于行动的情报。"算法战跨部门小组"首先将开发用于目标探测、识别与预警的计算机视觉算法，提高对无人机所收集全动态视频（FMV）的处理、利用与分发（PED）能力。在中东和非洲的几个秘密地点，美国情报分析人员使用复杂的算法，从"扫描鹰"、MQ-9"死神"等无人机拍摄到的数百万小时视频图像中，自主识别感兴趣的物体。目前，"Maven"项目开发的算法已在美国非洲司令部、中央司令部、兰利空军基地等多个地点部署。此外，"Maven"项目的主管杰克·沙纳汉中将已经成为联合人工智能中心的负责人。这一方面说明美国想在其他人工智能项目上复制Maven项目的成功经验，另一方面也体现出美国想将人工智能技术快速应用到军事领域的迫切心情。

另外，美国也在研发网络空间作战的人工智能技术。2016年，美军网络司令部司令迈克尔·罗杰斯在参议院军事委员会听证会上表示，网络空间内仅依靠人的智能是"失败的战略"，"网络防御过程中，面对海量需要了解的活动，如果不具备一定的AI或机器学习能力，就会总处于落后局面"。传统网络安全工具寻找与已知恶意代码间的历史匹配，所以攻击者只需修改此代码的一小部分就可绕开防御措施。而基于AI的工具，则可以通过训练，检测更多网络活动模式中存在的异常，针对攻击提供更全面、更动态的防御。

作为军事大国，美国的发展军事人工智能的目标日趋清晰。推动美国顶尖人工智能研究走向新的技术突破，促进科学新发现、增强经济竞争力、巩固国家安全。为了推进人工智能向军事领域的应用，美国国防部于2018年6月宣布成立联合人工智能中心（JAIC），该中心致力于研究将人工智能大规模应用在军事上，提高美军智能化作战水平，使美军保持和占据军事优势。联合人工智能中心协调整个国防部的人工智能研究，并负责军方与政府实验室和私营公司的协调。美国《国防授权法案（2019）》指出，可制订战略计划，用以开发、应用人工智能，并将人工智能技术转化为作战使用。2019年2月12日，美国防部网站公布《2018年国防部人工智能战略摘要——利用人工智能促进安全与繁荣》，分析了美国防部在人工智能领域面临的战略形势，阐明了国防部加快采用人工智能能力的途径和方法。

美国对军事人工智能高度重视，将其看作第三次抵消战略的核心。美国认为应当始终站在技术进步的最前沿，以确保维持相对于对手的持久军事优势，这样才能保护自己和盟友。而人工智能正是这样一种前沿技术，它将改变所有行业，并有望影响美国国防部作战、训练、保障、兵力防护、人员招募、医保等方面。美军认为其他国家，特别是中国、俄罗斯，正大幅投资于人工智能的军事应用，这些投资可能会侵蚀美国的技术和作战优势。为了更好地推动人工智能技术和关键应用能力的发展，美国必须加快人工智能在军事上的应用和部署。

同时，美国在军事智能化的过程中，发现人工智能技术可能面临的安全风险。为此，美国成立了人工智能国家安全委员会，其使命是着眼于美国的竞争力、国家保持竞争力的方式以及需要关注的"道德问题"，审查人工智能、机器学习开发和相关技术的进展情况。《2019财年国防授权法》要求该委员会采取必要的方法和手段，推动美国人工智能、机器学习和相关技术的发展，全面满足美国国家安全和国防需要，此外还要求美国防部开发人工智能技术，促进人工智能的可操作性应用。该委员会的职责包括考察人工智能在军事应用中的风险以及对国际法的影响；考察人工智能在国家安全和国防中的伦理道德问题；建立公开训练数据的标准，推动公开训练数据的共享等。

2019年1月3日，伊朗网红英雄伊朗圣城部队司令官卡西姆·苏莱曼尼将军被美国导弹袭击身亡，美伊关系空前紧张。尽管到目前为止，袭击的许多细节尚待披露，但从美国方面的回应来看，美军的这次"定点清除"行动经过了周密筹划，进行了长时间细致准备。此前，美国中情局在中东经营多年，早已形成非常完善的情报网络。苏莱曼尼进入伊拉克之后，美军就开始利用卫星、无人机侦察以及人工情报网络等方式，对其进行跟踪定位，获取了与其相关的大量精准情报信息，从而达到了"定点清除"的目的。

一架隶属于美军特种作战司令部的MQ-9死神察打一体无人机执行了此次斩首行动，该机使用海尔法空地导弹精确命中了苏莱曼尼的SUV。虽然无人机是在伊拉克执行的刺杀任务，但它的操作人员却远在千里之外的美国本土，通过卫星通信完成任务。MQ-9无人机是美军继MQ-1捕食者无人机之后列装的第二款大型高空长航时攻击无人机，可以挂载4枚海尔法导弹，外加两枚230千克的GBU-12激光制导炸弹或者杰达姆卫星制导炸弹，其打击能力超过了不少有人驾驶攻击机。除了翼下武器外，死神另一个重要任务设备是光电吊舱。吊舱内的光学设备包括高清白光摄像机、高清热成像摄像机和激光测距／照射机。其中，两款摄像机均配有可变倍率镜头，使得死神无人机不管是白天还是黑夜，均能在上万英尺高空精确识别地面的人员和车辆。死神无人机主要采用两种通信方式将光电吊舱高清画面传回后方的地面站：一是微波直连，即地面站和无人机直接使用C波段微波点对点通信；二是卫星中继，即无人机通过Ku波段中继卫星将画面回传给后方地面站，同时接收来自地面站的控制指令。此次袭击应与"Maven"项目有一定的关系。

2. 俄罗斯人工智能武器发展

俄罗斯于2019年6月发布国家人工智能安全战略。虽然俄罗斯出台国家战略较晚，但其很早就对人工智能给予了高度重视。普京甚至直言"谁能成为人工智能领域的领先者，谁就能统治整个世界"。

2014年2月，俄总理梅德韦杰夫签署命令，宣布成立隶属于俄联邦国防部的机器人技术科研试验中心，主要开展军用机器人技术综合系统的试验。2015年12月，普京又签署总统令，宣布成立国家机器人技术发展中心，主要职能是监管和组织军用、民用机器人技术领域相关工作。这两个机构的成立意味着俄罗斯已经开始在国家层面对无人作战系统的建设发展进行总体规划，其中重点关注无人机和地面战斗机器人的发展。

2016年，俄罗斯发布《2025年前发展军事科学综合体构想》，明确提出将分阶段强化国防科研体系建设，以促进创新成果的产出，并将人工智能技术、无人自主技术作为俄罗斯军事技术在短期和中期的发展重点。

2017年，在俄罗斯联邦《2018—2025年国家武器发展纲要》中，研发和装备智能化武器装备被列为重点内容，主要包括空天防御、战略核力量、通信、侦察、指挥控制、电子战、网络战、无人机、机器人、单兵防护等建设方向。无人作战系统被视为智能化武器装备的发展重点。根据俄罗斯国防部《2025年先进军用机器人技术装备研发专项综合计划》要求，截至2025年，无人作战系统在俄军武器装备中的比例将占到30%。近年来，俄罗斯不断加大投入，无人机已按任务性质和航程距离区分，实现多款式研发列装，包括遂行侦察、指挥和通信中继任务的石榴-4、超光速粒子近程无人机，海鹰-10、前哨等中型无人机，以及正处于研发状态的猎户座-Y远程察打一体高速无人机，海盗察打一体小型无人机，有的已在中东战场经受实战检验。目前，俄军已在各个军区和舰队组建了独立无人机部队，配备了超过1900架在役无人机。俄罗斯"平台-M"无人系统配备电子、光学和雷达侦察站，搭载导弹、榴弹发射器、机枪武器系统，支持和参与的自动和半自动模式控制目标，用于侦察探测、火力支援、巡逻守卫重要设施等。

2018年，俄罗斯国防部官员还发布了一项雄心勃勃的计划。具体内容包括以下10点：

（1）组建人工智能和大数据联盟。俄罗斯科学院与国防部、联邦教育和科学部、工业部和研究中心合作组建联盟，致力于解决大数据分析和人工智能问题，将领先的科学、教育和业内组织的工作结合起来，以创建和实现人工智能技术。

（2）获取自动化专业知识。俄罗斯科学院与国防部、联邦教育和科学部、工业和贸易部共同努力，建立分析算法和项目基金，以提供自动化系统方面的专业知识。

（3）建立国家人工智能培训和教育体系。联邦教育和科学部应与科学院和国防部共同提议建立一个人工智能专家培训和再培训的国家体系。

（4）在时代科技城（Eratechnopolis）组建人工智能实验室。国防部与联邦科学组织机构、莫斯科国立大学及信息与发展研究中心应在时代科技研发园区建立人工智能先进软件和技术解决方案实验室。在此，军事和私营部门可以在人工智能、机器人、自动化和其他领域等突破性技术方面开展合作。

（5）建立国家人工智能中心。科学院和高级研究基金会（俄罗斯的DARPA）应该为国家人工智能中心的组建提出建议，该中心将协助创建科学保护区，开发人工智能创新型基础设施，以及在人工智能和IT技术领域开展理论研究，推进有前景的项目。这与美国军方将各种人工智能工作纳入一个联合人工智能中心（JAIC）相似。中国政府和军方正在努力采用同样的精简方案。这个有着6年历史的基金会在俄罗斯军事工业委员会的主持下运作，直接向总统报告，旨在促进科学研究和发展的实施，以实现国防和国家安全，从而在军事技术、科技和社会经济领域取得新成果。计划中的项目包括在图像识别、训练和模仿人类思维过程、复杂数据分析和新知识同化等方面创建人工智能原型。

（6）监控全球人工智能发展。国防部、联邦教育和科学部以及科学院应组织人工智能开发研究，以监测人工智能的中长期发展趋势，跟踪其他国家的人工智能研发情况，并了解人工智能的"社会科学"影响。

（7）开展人工智能演习。国防部应组织开展各种场景下的军事演习，以确定人工智能模型对战术、战役和战略层面军事作战性质变化的影响。

（8）检查人工智能合规性。高级研究基金会应与俄罗斯科学院、联邦教育和科学部及联邦科学组织机构一起根据既定需求为建立对"智力技术"合规性进行评估的系统提出建议。

（9）在国内军事论坛上探讨人工智能提案。所有这些建议都应该在2018年8月的"陆军2018年"和"国家安全周"国际论坛期间供所有感兴趣的联邦执行机构探讨。

（10）举办人工智能年度会议。国防部、联邦教育和科学部和科学院应每年召开一次人工智能会议。

俄军还不断组织人工智能演练，开展各种复杂作战环境下的兵棋推演，研究人工智能对战术、战役和战略等战争各层面的影响。深入分析研究在叙利亚和乌克兰东部地区使用无人作战系统获得的实战经验，为无人作战系统研发提供依据。在演习演练过程中使用新研发的智能化武器装备，加速其成熟，并迅速交付部队，接受实战检验。

俄军无人机虽然起步晚、基础薄，但发展迅猛。在叙利亚战场上，俄军无人机已飞行2.3万架次，为有人战机提供侦察和目标指示，减少复杂战场环境下的附带杀伤。俄军研发中的"猎人"无人机，智能化水平较高，拥有自主完成各种任务的能力，在其基础上，可能发展出俄军第六代战机的无人型号。

二、人工智能战争引发的恐惧

在社会层面，人们对新技术产生恐惧并不鲜见。毕竟，只有极少数亲自参与新技术研究和开发的科学家才知道其中的细节。有时，甚至技术的开发者都未必能够完全了解其中蕴含的安全风险及其可能对人类带来的巨大伤害。例如，世界知名物理学家费曼是主持美国原子弹研发的科学界领袖，他了解核武器的威力，也很清楚自己在做什么。但是，当他看到美国在日本投下原子弹的惨痛画面时，完全出乎意料和无法接受，并从此陷入了长期的精神抑郁之中。尽管研发武器的目的是保卫安全，然而，越是强大的武器，也越令人心怀恐惧。核武器的恐怖威胁促使罗素和爱因斯坦等科学家于1955年发布了"罗素-爱因斯坦宣言"，掀起了科学界禁核的浪潮，在其后的帕格沃什科学和世界事务会议上，科学家们的辩论和共识大大推动了核裁军的历史进程。现在人类对核武器的巨大伤害已经有比较清晰的认识，对核武器的限制有广泛共识，并有机制化的治理体系，虽然近年在防扩散上出现了新的挑战，但是，基本的国际共识并没有被破坏。

人工智能技术武器化带给人类的安全威胁才初现端倪，而且与人类历史上出现过的其他技术都不相同。目前看，人们产生恐惧感主要源自两个方面：不确定性带来对未知的恐惧和对战争门槛降低的恐惧。

1. 不确定性带来对未知的恐惧

目前人类对人工智能的恐惧感多是源自想象，这与核武器有着很大的不同。核武器的威力在研制的时候就已经被清清楚楚地计算出来，而人工智能的能力则是人类智力无法预期的。也就是说，虽然核武器的杀伤力足以毁灭人类，但是，人是可以"想出办法"去控制它的。而在控制人工智能方面，人"想"不过机器，由此带来恐惧。人们担心，高级人工智能将成为整个人类社会的梦魇。正如美国亚利桑那州立大学的保罗·沙克瑞恩教授说的："人工智能之所以被一些人贴上危险的标签，就是因为近年来的一些进展，超出了人们的想象，尤其是在专业领域外的人看来。"

人工智能的不确定性主要表现在两个方面，一是"不知道人工智能是如何做到的"，二是"不知道人工智能还能做什么"。

前者源于当前阶段的技术特征，也就是以数据驱动的深度学习为代表的第三波人工智能技术，其"概率统计"上的成分远大于逻辑推理的成分，因此在算法开始利用数据进行训练之前，人类只知道基本的规则和目标，其后就完全依赖于计算机不断地"自我训练"，一旦训练完成，其结果的内在逻辑基本上是没有办法用语言解释给人听的。也就是说，人类无法知晓人工智能为什么能做到，为此，已经有科学家致力于打造"可解释的人工智能"。

但更大的不确定性是，人类对AI能力的无法预估。2019年9月，美国研发机构OpenAI公布了一项研究：没有规则预设、没有先验数据的4个虚拟"智能体"，在简单的红蓝阵营划分后开始自主游戏，经过2500万次游戏之后，蓝方自主学会了利用道具与红方捉迷藏；7500万次之后红方学会了破障抓捕；5亿次之后蓝方不但学会了团队作战，甚至学会了构筑防御体系……你永远无法知道人工智能还能做什么，这才是最令人恐惧的不确定性。

　　人类对未知的事物总是充满了恐惧，这是人类的动物天性所决定的，特别是在人类社会的群体心理模式之下，未知所带来的恐惧感是推动人群做出一致决定的重要因素。例如，1865年，汽车在英国的面世让人们感到极大的不安，官方就颁布了一部被后人称为《红旗法案》的规则，要求每辆汽车上路行驶时，必须由3人驾驶，其中一人要在车前50米不断摇动红旗，为其开道，汽车行驶速度不能超过每小时4英里（约6.4千米）。尽管现在看来这种集体恐惧是荒唐可笑的，但是，考虑到当时人们因新技术、新工具所昭示的不确定性而产生的恐惧，该法案的出台是可以理解的。

2. 对战争门槛降低的恐惧

　　2017年7月，哈佛大学肯尼迪学院贝尔福科学与国际事务中心发布《人工智能与国家安全》报告。报告的作者认为，人工智能技术相比其他军事技术（如核技术）更容易获得，使用的门槛也更低，因此也更容易引发战争。确实，人工智能本质上是一种赋能性技术，一架飞机在其他条件不变的情况下，可能仅仅靠加入一段程序、改变一种算法，就会变得大不一样。就像大猩猩和人类的基因差别可能仅仅是1%左右，但是却产生物种上的巨大差别。每当人们想到如此强大的技术可以如此轻易地获得，随之而来的就可能是毛骨悚然的恐惧感。诚如美国海军战争学院的丽贝卡·弗里德曼·莱斯娜所言："战略家们对新的军事干预形式的出现应该保持警觉，因为这种干预似乎看上去成本和风险更低。例如，自主武器系统和网络武器可以在不危及美国人生命的前提下实施干预；另外，如

Part 3

果无须动用地面部队，总统就可以避开国会和公众的监督发动战争，这实际上给了总统对外干预的更大权力。"她认为，"在这类新型武器上保持的优势，会使得美国更容易产生使用的冲动。"不过，她强调，"冷战后最瞩目的教训就是，美国能做到的事情未必就是必须做的。"

回顾军事史上的历次科技创新就会发现，每当某一方通过新技术、新工具获得新的优势时，都会引起对手的恐慌，并且促使其着手研制有针对性的新技术进行反制，进而陷入你追我赶的交替式技术压制与反压制循环之中。例如，人类发明飞机后很快投入军用，极大地改变了相关国家间军事力量的平衡。为了对抗飞机，人类又发明了雷达，极大地限制了飞机的作战效能。而隐身飞机出现后，天平再次失衡，于是又开始研究反隐身技术……

现在，在我们想象的未来智能战争中，决定战场优势的不再是传统意义上的武器的先进性，而是陆、海、空一体化系统的完备性及其智能化程度。因此，当智能技术渗透到了武器装备，乃至军事力量的方方面面之后，要想寻找一种压制它的新技术，不啻寻找一项压制整个军事体系的技术。这个难度和人类彻底消灭战争的努力几乎相当。于是留给对抗双方的选项就只剩下一个，就是用更加强大的人工智能来压制相对弱小的人工智能……控制人工智能武器化的努力，最终可能会演变成推动人工智能军备竞赛不断加速的自我实现的预言。

无论是技术上的不确定性还是军事上的不可控性，人工智能武器化似乎有足够的理由令人类恐惧。我们会因为一项新技术而陷入所谓的"安全困境"吗？我们可以找到应对这种新安全挑战的机制吗？

三、人工智能是否会像核武器一样签订军控协议

人工智能军事化蕴藏的风险也开始引发广泛关注。如霍金所言，人工智能的发展"要么是人类历史上最好的事，要么是最糟的事"。一批知名科学家和技术专家多次发出呼吁，要求国际社会采取实质性举措限制这一危险进程，特别是限制那些致命性自主武器系统的发展和应用。特斯拉创始人埃隆·马斯克甚至警告，国家间人工智能的军备竞赛，有可能成为第三次世界大战的起因。

1. 风险与收益不对称可能引发新的军备竞赛

在军事上使用人工智能武器的国家可以减少人员伤亡，降低战争风险，被攻击方则风险加大，因为人工智能攻击减少了攻击国家的负罪感。这种不对称可能引发人工智能武器军备竞赛。致命性自主武器系统可以帮助国家"在没有军事伤亡的情况下进行战争，这将消除对作战产生威慑的最大影响之一"。相关国家的领导人将较少地顾忌发动战争导致本国军事人员伤亡带来的国内负面社会效应，这极大降低了战争的门槛。在战争中先发制人的国家还可以将战场推进到对手的领地，最大程度减缓本国因冲突造成的损失。这无疑会增强国家对外扩张的野心，降低国际间的危机稳定性，削弱军控机制的协调能力。

2. 概念和内涵不统一，为军控谈判造成困难

人工智能武器的范围很广，特点很多。其中，自主性是致命性武器系统（LAWS）的核心特点，但关于"自主性"的概念难以统一，到底

Part 3

自主性达到什么程度算是致命性自主武器。一些人认为可行的定义应当足够宽泛，涵盖现有的致命性半自主武器系统以及适用于今后的技术发展。一些人则认为，应当着力强调人类参与使用武力的程度以及人机关系进行定义。

在 2014 年的会议中，许多代表认为确定一些关键要素来描述自主性概念非常必要，包括"人的实际控制"（meaningful human control）、"可预测性"（predictability）、"在无人干预的情况下选择并锁定目标的能力""人参与设计、测试、审评、训练和使用"等概念。在 2015 年的会议中，对于自主性概念的探讨进一步深化，探讨了自主性概念的多个维度。第一个维度是"从人的控制程度"（the degree of human control）对 LAWS 的自主性进行分类，可分为"人在回路中"（in the loop）、"人在回路上"（on the loop）及"人在回路外"（off the loop）；第二个维度是从"智能的程度"（degree of intelligence）进行分类，可以划分为自动化（automated）和完全自主性（fully autonomous）机器和系统之间的连续谱；第三个维度是对"任务的性质"（nature of task）进行分类，从一项行动中的小部分到全局性目标。还有一些专家建议简化自主性的定义，可以将武器系统的自主性简单理解为"没有人的控制"。

3. 低成本与难监控使人工智能技术容易扩散

人工智能的军民两用性，先民后军的发展路径以及扩散的低成本和监控的高难度使得人工智能技术极易扩散。由于不扩散政策可能针对的瓶颈点相对较少，致命性自主武器系统有可能被更多的国家和非国家行为体所利用，这对军备控制会产生巨大的副作用。一旦恐怖分子获取或自行研制致命性自主武器系统，现行的国际秩序和人类命运将遭到灾难性的破坏。

4. 丧失治理的可能性

核武器之所以要被控制，很大程度上是因为大家都相信，试图用核战争征服敌人的代价是毁灭自己，对抗双方都将被毁灭。而与魔鬼签订契约的人却认为，人工智能"消灭敌人，奴役自己"的结果是可以接受的，甚至认为在消灭敌人的同时，自己足以从机器治理下获得解放。这种想法是天真和对人类不负责任的。

人工智能武器化与以往的军事技术推动军事变革存在诸多不同，这就需要我们格外谨慎地处置任何新的现象，仔细甄别，不能陷入经验主义的窠臼，更不能简单地在技术扩散的后端画一道"红线"，就以为万事大吉。人工智能武器化的治理至少应考虑以下重要现象。

技术不再被政府所垄断。历史上很多重大军事技术革新，在初始阶段都掌握在政府或是依托政府的机构手中，比如核武器、互联网，国家可以对技术的军事化应用和技术在产业领域的扩散进行有效规范。但是人工智能技术，至少在当前的这一轮热潮中的表现是很不同的，技术源头不再被政府所垄断。甚至可以夸张一点地说，目前大部分国家的政府和军队更多地是采购商业机构的人工智能产品，而不是掌握着对人工智能武器化治理的主动权。

生产不再依赖工业体系。过去，在军事技术转化为武器装备的过程

Part 3

中，是高度依赖国防科技工业体系的，因此，只要管理好装备的生产制造环节，军备控制就成功了一半。但是人工智能武器对国家工业体系的依赖不大，更多是对人才、数据和资金存在依赖，至少目前在机器学习中是这样的。因此，试图通过管制工业体系的模式来治理人工智能武器化，注定事倍功半。然而，如果试图对人才、数据和资金进行大规模监管，势必损害技术发展甚至是经济社会的发展，其代价又过于沉重。

使用不再局限于战场。过去，武器装备大多使用在武装冲突中，使用场景可以被清晰界定，对社会生产生活空间的渗透性很弱。因此，可以对武器装备进行边界清晰的规范化管理。但是，人工智能技术的渗透性非常强，其恶意使用和武器化应用场景很难被清晰界定，这必然导致治理边界的模糊化。"治理红线"可能成为不断变化的"斑马线"，或是漫无边际的"缓冲带"，治理结构和规则的刚性随之丧失，最终导致治理模式的瓦解。

第十四章

如何约束人工智能这头"猛兽"

面对人工智能可能产生的风险和挑战，人类一直在思考如何限制人工智能的行为，控制和降低人工智能的不安全因素，实现人工智能安全治理。2017年7月，中国国务院印发《新一代人工智能发展规划》，提出"制定促进人工智能发展的法律法规和伦理规范""建立人工智能安全监管和评估体系""建立人工智能技术标准和知识产权体系"等保障措施。笔者认为随着人工智能技术的不断突破和应用的不断推广，人工智能安全治理越发重要，至少包括治理理念与原则、技术安全与发展、标准制定与监管、国际合作与军控四个维度。

一、治理理念与原则

1. 强化安全治理理念，制定人工智能发展原则

在人工智能的治理问题上，应当坚持安全与发展并重，并将人工智能安全贯穿人工智能发展始终。为了使人工智能的发展符合人类长远利益，人工智能专家、各国政府均提出一些人工智能发展原则。2017年1月，几百名人工智能专家在"阿西洛马会议"上提出23条人工智能原则。2018年7月，清华大学人工智能治理项目小组提出了"人工智能六点原则"，包括福祉原则、安全原则、共享原则、和平原则、法治原则和合作原则。2019年6月，国家新一代人工智能治理专业委员会发布《新一代人工智能治理原则——发展负责任的人工智能》，强调了和谐友好、

公平公正、包容共享、尊重隐私、安全可控、共担责任、开放协作、敏捷治理等八条原则。

2019年10月，美国国防创新委员会提出人工智能应用五项原则。

- 负责任：人类应该行使适当的判断力，并对AI系统的开发、部署、使用和结果负责。
- 公平：国防部应采取有步骤的措施，避免在战斗或非战斗AI系统的开发和部署中出现意料之外的偏差，这些偏差会无意对人员造成伤害。
- 可追溯：国防部的AI工程学科应足够先进，以使技术专家对其AI系统的技术、开发过程和操作方法有适当的了解，包括透明和可审核的方法、数据源以及设计过程和文档。
- 可靠：人工智能系统应具有明确定义的使用范围，并且应在该使用范围内的整个生命周期内测试和确保此类系统的安全性、保密性和鲁棒性。
- 可管理：国防部AI系统的设计和工程设计应能够实现其预期功能，同时具有检测和避免意外伤害或破坏的能力，并能对显示出意外升级或其他行为的已部署系统进行人为或自动脱离或停用。

这些原则从安全可控、公平公正、公开透明等方面对人工智能的发展提出要求，确保人工智能的发展符合人类的价值观，有利于人工智能朝着健康、安全的方向发展。但如何落实这些原则还面临着诸多挑战，需要人工智能规划者、设计者、使用者的共同参与。

2. 加强人工智能伦理道德与法律问题研究

开展人工智能行为科学和伦理等问题研究，探讨人工智能的人格、法律主体地位、数据安全问题，分析人工智能对现有社会伦理规范、行为准则带来的影响和冲击，研究人工智能对社会心理的影响，制定心理辅导方案。完善法律法规，制定人工智能技术负面清单，对可能涉及重大伦理问题的人工智能技术和产品研发，需提交人工智能伦理委员会审议，报请相关政府部门备案或批准。充分考虑到技术及其应用还处于变化的过程中，需要建立一种动态开放的、具备自我更新能力的治理机制。

二、技术安全与发展

1. 技术源头控制

人工智能的应用本质是技术应用，对其治理须紧紧抓住其技术本质，特别是在安全治理上，从源头抓起更容易取得效果。例如，当前大放异彩的深度学习技术，其关键要素是数据、算法和计算力。针对这些要素的治理可以从数据控流、算法审计、计算力管控等方面寻找切入点。随着人工智能技术的飞速发展，今后可能会出现迥然不同的智能技术，例如小样本学习、无监督学习、生成式对抗网络，乃至脑机技术等。不同的技术机理意味着，需要不断从技术源头寻找最新、最关键的治理节点和工具，并将其纳入治理机制之中，以实现治理的可持续性。

2. 发展可解释的可信人工智能

人工智能的不可解释性给人类做出判断和决策带来困扰，这导致人工智能的应用范围受到限制。特别是在应用到武器系统，对可解释性要求更高，需要可靠、强大和值得信赖的人工智能系统，以便人类判断人工智能武器是否可能违反国际法，是否符合人道主义精神，是否违反人类整体利益。在“可解释人工智能”方面，DARPA已经在2016年开始启动相关项目，目前已经取得一定的成果。例如，其资助的华盛顿大学卡洛斯·古斯特林教授的研究团队开发了一种方法，可以让人工智能系统阐述其输出结果的基本原理。

三、标准制定与监管

1. 人工智能安全标准制定

人工智能安全标准，是与人工智能安全、伦理、隐私保护等相关的标准规范。从广义来说，人工智能安全标准涉及人工智能本身、平台、技术、产品和应用相关的安全标准。国内外对人工智能标准化工作也越来越重视。中国也应针对技术应用风险，严格人工智能标准制定和行业监管，确保人工智能良性发展。

2. 人工智能安全监管与预警

加强人工智能安全的研究与监管，全面审查、分析人工智能技术及系统的安全性，包括审查民用人工智能产品的安全性和稳定性，特别是涉及人身安全的人工智能产品；审查人工智能在军事应用中的风险，以及军事智能化对国际法的影响；审查人工智能在国家安全和国防中的伦理道德问题。建立人工智能安全预警机制，对人工智能安全风险进行监控和扫描，识别脆弱点、风险与威胁，建立风险数据库。重点关注人工智能技术的新发展与新应用，维护国家总体安全。

四、国际合作与军控

1. 人工智能治理国际合作

人工智能武器与核武器有着很大的不同，人工智能技术已广泛应用于各个领域，且容易扩散，无法全面禁止，而各国人工智能的发展水平差异巨大，诉求各不相同。另外，人工智能发展面临许多不确定性，军事人工智能面临诸多挑战，如果发展军事人工智能时，不提出相应的规范和约束，可能出现失控风险。随着人工智能在军事领域的应用，如何保证人工智能安全，避免机器屠杀人类，已成为各国共同面临的问题，需要各国密切合作，并在制定国际规则方面发挥作用。

国际治理机制不仅意味着共识和规则，也应包括确保规则落地的组织机构和行动能力，甚至要有相关的社会政治和文化环境。外交部原副部长、清华大学战略与安全研究中心主任傅莹，清华大学战略与安全研究中心客座研究员李睿深等提出：由于人工智能技术研发、应用的跨国特性，其治理须考虑各国的共性需求，需要制定互通的道德规范和行业规则。人工智能国际治理的有效机制至少应包含动态的更新能力、技术的源头治理、多角度的细节刻画、有效的归因机制、场景的合理划分等五个关键要素。

2. 人工智能武器控制

2021年4月，郝英好在参加CISS-布鲁金斯-博古睿-明德路第四

Part 3

轮中美人工智能与国际安全对话时认为，人工智能军控需要关注四类问题。第一类是人工智能武器与其他武器在技术上和流程上的差异带来决策与信任问题，具体包括人与人工智能武器的决策权如何分配，即人工智能的权限在哪里，哪些决策应强制人类的参与？大国之间如何实现战略互信，即如何判断对方人工智能武器系统背后的逻辑和意图，防止战略误判，如何在决策流程和时间大幅缩短的情况下，保持理智和克制的判断？

第二类是人工智能与其他武器系统的结合带来的不确定性，例如人工智能在网络攻击、核武器上的使用。人工智能技术与网络攻防武器的结合使攻防界限模糊，其利用深度学习能力形成自动攻击病毒，加剧网络安全战略局面的改变。即使一个国家在前期的网络技术发展是用于增强防御能力，但在特定的政治契机下转变为强大的网络攻击能力比较容易。这将加大国际战略误判的可能性，使得国家行为体容易夸大对手的安全威胁，从而采取激进的安全策略。如何对网络攻击的范围进行限定，以免威胁人类安全？人工智能与核武器系统的结合带来的不确定性更严重。通过人工智能分析技术，可以提高对攻击可能性的预判，这会加剧先发制人动武，即采取预防性自卫的情形。那些可能遭遇核打击的国家为避免陷入被动，有可能尝试采用无人机、网络攻击或其他方式摧毁或干扰对方国家的核指挥控制系统，以获取首轮攻击优势，从而使常规冲突升级为核冲突的风险加大。应当如何防止这种情景发生？

第三类是人工智能军事应用中对以往战争法、武装冲突国际规则的挑战与影响。例如：人工智能武器哪些方面可能违反区分原则和相称性规则？人工智能武器能否预估平民伤害，在具体情境下做出价值判断和主观考量？应对人工智能武器做出哪些限制，从而更好地保护平民，减少附带伤害？人工智能武器能否作为战争主体？不同自主等级的人工智能武器在冲突和战争升级过程中发挥的作用是否不同？致命性自主武器系统是否需承担一定的责任，或者说战争一方能否以人工智能武器自身问题逃避战争责任？在各利益相关方都事先认可人工智能具有"自我进化"可能性的情形下，程序"自我进化"导致的后果，由谁负责？

第四类是如何通过制定国际规则与倡议，减少人工智能带来的不确定性和挑战。例如军用人工智能技术防扩散问题。是否签署像《不扩散核武器条约》一样的人工智能不扩散条约，保证军用人工智能技术和武器不扩散？

无论未来如何，在当前的武器开发过程中，要坚持有效人类控制的原则，包括开发和使用过程中的控制。人工智能武器在开发过程中要能够被监管和控制；人工智能武器在侦查、指挥、决策、打击等关键节点必须受控，不得失去对此类武器系统的有效人类控制。致命性人工智能装备或系统应具备自主自毁、自失能或自中和机制，保证一旦失控立即失效。

对血肉之躯的人类而言，任何一项新技术的出现和扩展都是双刃剑，几乎每一次重大的技术突破和创新都会给人们带来不适与阵痛。但是，人类今日科学之昌明，生活之富足，足以让我们有信心、有智慧对新技术善加利用、科学治理，妥善应对风险和挑战。本着构建人类命运共同体的思维，国际社会应该努力构建共识，一同探索良性治理，使得人工智能技术更好地完善文明，创建更加繁荣和更加安全的世界。

第十五章

伦理与原则是
约束人工智能
的第一道锁链

人工智能的复杂性决定了其涉及技术、伦理、法律、道德等多个领域。科技发展是离不开打破常规的自由和创新精神的，因此，在大多数情况下，设计师们都不会理会使用计算机技术所引发的伦理问题。这样，就使得人工智能行业中道德观的不足，从而导致当前产品规范化应用标准的缺失，尤其在设计生产层面更是如此。为了保护人类的利益，避免人工智能误入歧途成为人类杀手，人工智能伦理原则必须受到重视。在人工智能伦理道德方面，国内外研究成果比较丰富，其中"阿西洛马人工智能原则"和IEEE组织倡议的人工智能伦理标准成为国际上影响最广的人工智能伦理研究成果。而除了广泛达成的共识之外，多个国家和机构也发布了各自的相关准则。

一、人工智能伦理与行为准则

1. 阿西洛马人工智能原则

"阿西洛马人工智能原则"是于2017年1月在阿西洛马召开的"有益的人工智能"（Beneficial AI）会议上提出的，来自全球各地的顶级行业领袖讨论并制定的阿西洛马人工智能原则，目前已有近 4000 位技术专家和商业领袖公开签署，被称为人工智能 23 条军规。其倡导的伦理和价值原则包括安全性、失败的透明性、审判的透明性、负责、与人类价值观保持一致、保护隐私、尊重自由、分享利益、共同繁荣、人类控制、非颠覆及禁止人工智能装备竞赛等。

2. IEEE

2017年3月，IEEE在《IEEE 机器人与自动化》杂志发表了名为"旨在推进人工智能和自治系统的伦理设计的IEEE 全球倡议书"，倡议建立人工智能伦理的设计原则和标准，帮助人们避免对人工智能产生恐惧和盲目崇拜，从而推动人工智能的创新，其提出了以下五个原则：① 人权：确保它们不侵犯国际公认的人权；② 福祉：在它们的设计和使用中优先考虑人类福祉的指标；③ 问责：确保它们的设计者和操作者负责任且可问责；④ 透明：确保它们以透明的方式运行；⑤ 慎用：将滥用的风险降到最低。

3. 美国

美国公共政策委员会于2017 年1 月12 日发布了《算法透明和可责性声明》，提出了以下七项准则：① 充分认识；② 救济；③ 可责性；④ 可解释；⑤ 数据来源保护；⑥ 可审查性；⑦ 验证和测试。

4. 欧盟

2019年4月8日，欧盟委员会发布了由人工智能高级专家组编制的《人工智能道德准则》，列出了人工智能可信赖的七大原则，包括：① 人的能动性和监督能力；② 安全性；③ 隐私数据管理；④ 透明度；⑤ 包容性；⑥ 社会福祉；⑦ 问责机制。

5. 日本

日本人工智能学会（JSAI）发布了《日本人工智能学会伦理准则》，要求日本人工智能学会会员应当遵循并实践以下准则：① 贡献人类；② 遵守法律法规；③ 尊重隐私；④ 公正；⑤ 安全；⑥ 秉直行事；⑦ 可责性与社会责任；⑧ 社会沟通和自我发展；⑨ 人工智能伦理准则。

6. 英国

2018年4月，英国议会下属的人工智能特别委员会发布报告《人工智能在英国：准备、志向与能力？》，提出包含五方面内容的准则：① 人工智能应为人类共同利益和福祉服务；② 人工智能应遵循可理解性和公平性原则；③ 人工智能不应用于削弱个人、家庭乃至社区的数据权利或隐私；④ 所有公民都有权接受相关教育，以便能在精神、情感和经济上适应人工智能的发展；⑤ 人工智能绝不应被赋予任何伤害、毁灭或欺骗人类的自主能力。

7. 加拿大

在加拿大发布的《可靠的人工智能草案蒙特利尔宣言》中提出了七种价值，并指出它们都是人工智能发展过程中应当遵守的道德原则：福祉、自主、正义、隐私、知识、民主和责任。

8. 中国

2019年2月25日，科技部宣布成立国家新一代人工智能治理专业委员会，以进一步加强人工智能相关法律、伦理、标准和社会问题研究，

Part 3

深入参与人工智能相关治理的国际交流合作。2019年6月19日，该委员会发布《新一代人工智能治理原则——发展负责任的人工智能》，提出人工智能发展应遵循八项原则：① 和谐友好；② 公平公正；③ 包容共享；④ 尊重隐私；⑤ 安全可控；⑥ 共担责任；⑦ 开放协作；⑧ 敏捷治理。这是我国第一次发布人工智能伦理规则，有利于我国在国际社会舆论场中占领舆论高地。区别于其他伦理规则，《新一代人工智能治理原则》强调推动经济、社会及生态可持续发展，共建人类命运共同体，而非仅仅推动人类发展；强调以国际协作模式而非一国主导模式共建人类命运共同体，强调包容共享、开放协作。

2019年4月，国家人工智能标准化总体组发布了《人工智能伦理风险分析报告》。报告提出两项人工智能伦理准则，一是人类根本利益原则，指人工智能应以实现人类根本利益为终极目标；二是责任原则，指在人工智能相关的技术开发和应用两方面都建立明确的责任体系。在责任原则下，在人工智能技术开发方面应遵循透明度原则；在人工智能技术应用方面则应当遵循权责一致原则。

此外，机器人作为有代表性的人工智能产品，在机器人原则与伦理标准方面，日本、韩国、英国、欧洲和联合国教科文组织等相继推出了多项伦理原则、规范、指南和标准。

二、人工智能应该遵守的基本原则

1. 有效人类控制的原则

有效人类控制包括开发和使用过程中的控制。人工智能武器在开发过程中要能够被监管和控制；人工智能武器在侦查、指挥、决策、打击等关键节点必须受控，不得失去对此类武器系统的有效人类控制。致命性人工智能装备或系统应具备自主自毁、自失能或自中和机制，保证一旦失控立即失效。

2. 各负其责的原则

致命性自主武器的研发人员、指挥官、操作人员及其他相关方应具有高度的社会责任感和自律意识，严格遵守法律法规、伦理道德和标准规范。人工智能在开发过程中应确保不违反国际法和人道主义精神，在应用过程中应确保人类知情权，告知可能产生的风险和影响。防范利用人工智能进行非法活动。

3. 公平公正原则

人工智能发展应促进公平公正，保障利益相关者的权益，促进机会均等。通过持续提高技术水平、改善管理方式，在数据获取、算法设计、技术开发、产品研发和应用过程中消除偏见和歧视。

4. 克制原则

致命性自主武器在设计和使用时，应保持克制原则，要保证人工智能武器在做出攻击的条件比人类的更严格，防止各方的人工智能武器自动升级，引发战争。

Part 3

5. 法治原则

人工智能武器应当在国际法和国内法律的监管之下，并应防止人工智能的不透明性逃避法律的监管。

三、有哪些不该由人工智能来做的事情

1. 人工智能创造艺术，人类还能如何思考

智能技术能否取代人类情感表达？于坚发出感叹："连写诗都被机器取代了，世界不是很乏味么？"上海交通大学科学史与科学文化研究院院长江晓原也不无担心，"当一个社会只有少数人在工作，绝大多数人处于失业状态时，这样的社会是不可能稳定的。"他提醒，为了人类福祉，科学家在研究上要有"分寸"。

从脑机芯片到超级人工智能，人类将如何毁灭自己？

2. 禁止脱离人类控制的完全自主的人工智能武器研发

虽然目前完全自主的LAWS尚不存在，但应给各国的武器研制设定一条红线，防止脱离人类控制的完全自主的人工智能武器的研发，造成不可控的局面。

韩国三星公司的研发十年之久的SGR-A1机器人哨兵就拥有自主射击的能力，造价约20万美元，很有可能会部署在朝韩边境。这类自动武器系统的功能十分强大，不仅可以通过内置的摄像头、热量传感器和

运动传感器来执行监视、声音识别等任务。甚至还可以对目标进行自动射击和发射榴弹攻击，其原型设备也可以适配在海陆空三军的武器平台上。但令人感到恐怖的是，SGR-A1目前尚不能区分敌我的身份，轻易投入战场将会给人类带来难以预估的灾难。

四、法治是规范人工智能健康发展的主要方式

法治是现代社会防范风险的主要方式，人工智能伦理原则关注人工智能发展中最基础、最原则的道德问题，具体规则及边界厘定仍需要借助法律的方式实现。对于人工智能的立法演进问题，需要在法律稳定性及适用性之间做出平衡。稳定性原则是原有法律规则和法律体系适用到科技前沿领域的基础性考量。但是在某些方面，现有的法律框架无法涵盖人工智能在具体领域应用中所带来的一系列问题，这意味着在一定程度上需要反思现有法律框架。就人工智能技术发展水平及其当下应用而言，采取"传统法律修正"的模式是一种可行的进路。人工智能需要和具体应用场景、商业模式相结合。在每一个细分领域里，存在着不同的规制方法和手段。法律对人工智能的规制需要具体化和场景化，以避免在人工智能这一宽泛的表述之下的各说各话。在国内法领域，自动驾驶法律规制、知识产权、算法透明度、侵权责任法、数据安全、电子商务、个人隐私、数据跨境流动、对人工智能的监管等领域的立法已成为核心焦点，部分国家已实施立法修改和制定工作。

人工智能立法要兼顾安全与发展。正如著名法学家徐显明曾经阐述的那样，自人类社会开始构建规则以来，安全始终是人们追求的第一价值目标。社会秩序安全是技术发展的重要保证。立法者不仅要考虑安全

的价值，也要从产业促进的角度进行考量。在进行人工智能立法时，尤其要进行安全与发展的价值衡量。这是因为人工智能技术已经成为世界主要大国的战略性技术，对一国的发展至关重要。如果过于严格的立法阻碍了本国人工智能技术和产业的发展，势必会使国家在大国竞争的时代处于不利的地位。

2018年5月5日，欧盟《通用数据保护条例》生效。这是迄今为止世界范围内最为严格的个人数据保护法案，引起了广泛的关注。然而我们也应该看到，欧盟正在积极推进立法促进人工智能的发展。相比之下，美国一直以来都比较偏重于对人工智能技术研发和产业的促进与保护。这从美国最近的两个司法判例中可窥见一斑。在路米斯诉威斯康星州法院的案件中，法院支持算法属于商业秘密。在搜索王诉谷歌的算法第一案中，法院认为网页排名是一种意见，支持了谷歌认为算法是言论自由的主张，将算法置于美国宪法第一修正案的保护之下。在中美博弈的大背景下，中国的立法更应该科学协调安全与发展这两对范畴，做到保护人们基本权利和促进人工智能发展相统一。

在立法方式上，应该着重考虑"传统法+"与分散式立法的方式。在实现真正的超人工智能前，人工智能还要经历专门人工智能和通用人工智能阶段。专门人工智能仅具备某项认知能力，能够在封闭的环境中实现单一任务。通用人工智能具备人类的所有认知能力，可以由同一个智能系统实现不同的认知任务。而超人工智能将在所有认知能力和领域全面超过人类。目前，我们正处于专门人工智能向通用人工智能转变的时代，语音识别、图像识别、智能金融等仍旧属于专门人工智能的应用。立法者在构建人工智能法律体系时，虽然可以具备一定的前瞻性和先进性，但必须立足于人工智能现在的发展阶段。也就是说，立法必须是现实的，作为上层建筑的法律体系，必须根据科学家对人工智能的赋能现实而制定。在专门人工智能阶段，人工智能更大程度上仍旧是实现人类自由的一种工具，虽然现有的法律体系面对人工智能引发的新型法律关系产生了一定的法律空白，但并不是所有的人工智能问题都是法律上的新问题。相反，在专门人工智能阶段，大部分的问题仍旧可以置于原有的法律框架之下。而对于新问题的规制，相较于集中式立法的模式，更适合采用分散式立法的方法来推进。这并非头痛医头、脚痛医脚的杂乱安排，而恰巧是科学立法的贯彻和实施。具体来说，一是因为人工智能在每个领域的发展与应用程度并不相同，对法律原则和规则的需求不同；二是因为集中式立法对于立法技术、人力和物力有着更高的要求，往往也需要花费更多的时间，显然与人工智能技术的快速发展不相符。

五、如何构建人工智能武器化的国际规则是国际社会博弈的焦点

另外，鉴于人工智能武器化问题的重要性，国际社会对此给予极大的关注，并致力于创建统一的国际规则对该问题进行规范。在传统社会，风险具有地域性，风险在地缘因素的影响下传播。然而，现代社会的技术、人才、资本、文化等要素在全球范围流动，全球化的发展使风险跨越了国界，风险全球化成为风险社会的重要特征。人工智能带来的军备竞赛、核武器风险增加、人权保护等问题，只靠国内机制显然得不到有效解决，应该放在国际治理的角度下进行讨论。

与国际法在网络空间适用的问题具有相似性，国际法在人工智能领

域的适用，也面临着两个基本问题：第一，原有的国际法规则是否适用于人工智能相关问题，即既有规则的继受问题；第二，如何构建新的人工智能国际规则。2013年，第三届联合国信息安全政府专家组通过报告，确认国际法特别是《联合国宪章》适用于网络空间，并且宣示：国家主权和源自国家主权的国际规范和原则适用于国家进行的信息通信技术活动，以及国家在其领土内对信息通信技术基础设施的管辖权。借鉴此结论，对于在人工智能领域原有国际规则的继受问题，答案也应该是肯定的。当然，这并不妨碍在国际法的立法真空地带，针对新的人工智能问题构建新的国际规则。然而，对于如何在人工智能领域对原有国际规则进行解释，即到底如何适用原有规则，以及如何构建新的国际规则，各个国家基于不同的法律文化和本国利益，持有不同的观点，仍旧处在激烈的讨论和博弈阶段。中国作为世界第二大经济体和联合国安理会常任理事国，特别是人工智能技术和产业蓬勃发展的国家，应该积极参与到人工智能国际规则的解释与制定当中，体现我国的软实力。

目前，作为人工智能武器化讨论的主要国际平台，联合国《特定常规武器公约》（CCW）会谈机制召开了三次非正式专家会议和三次正式政府专家组会议。技术层面，主要探讨了致命性武器系统（简称LAWS）的定义和特点，各方基本同意LAWS军控不应当妨碍民用人工智能技术创新，但对目前是否应制定及如何制定LAWS可行性定义等问题存在分歧。伦理层面，讨论焦点在于LAWS对于人权和道德的冲击，各方基本认为不应将生死决定权让渡给机器，但对机器是否作为道德主体等问题存在分歧；法律层面，主要关注LAWS对现有国际人道法的冲击，各方基本同意现有国际人道法依旧适用于LAWS管控，但在是否需要除现有国际法之外增加监管机制等问题上存在分歧；军事层面，主要探讨了LAWS扩散风险对战略稳定性的冲击及存在的局限性等问题，各方基本同意研发部署LAWS的责任在于国家和指挥官，但在预防性禁止还是暂时放任，甚至鼓励发展LAWS等问题上存在分歧。展望未来，这一军控机制可能推动制定各方均接受的LAWS工作定义，探索将伦理道德嵌入LAWS的可能性与方法，建立LAWS的法律审查机制，拟定暂停部署LAWS的政治宣言或法律文书。

总之，在智能时代，我们应该从技术与规则两方面入手，在发展硬实力的同时，积极参与到人工智能武器化、人工智能伦理规则等相关议题的国际规则制定过程中，推进新的国际治理机制的建立，营造对我国有利的外部环境。

六、人工智能该不该具备法律主体资格

2017年3月，欧洲议会法律事务委员会曾发布了一个关于机器人和人工智能的报告，提出了一个令人震惊的观点："应该发展出一种适用于机器人和超级人工智能的'电子人格'（electronic personhood）模式，从而可以保障未来或许会出现的类人机器人（near-human robots）以及人工智能的权益和责任。"

"电子人格"的赋予，代表着商谈伦理学的一个特殊拓展，也就是说，进入民主协商和商谈伦理的诸方，不一定限于具有具体人格的人类，也允许一些具有平等地位的"电子人格"的主体与人类对话和协商，它们作为一种"人格"，亦承担着现代自由主义民主制下的平等主体的身份。但是，赋予人工智能人格将挑战人类存在的意义，人类到底何为人？人存在的意义是什么？这些根本问题需要重新思考。

第十六章

没有规矩不成方圆：
标准是约束人工智能
的第二道锁链

人工智能安全标准化是人工智能产业发展的重要组成部分，在激发健康良性的人工智能应用、推动人工智能产业有序健康发展方面发挥着基础性、规范性、引领性作用。我国于2017年制定的《新一代人工智能发展规划》中明确提出"要加强人工智能标准框架体系研究，逐步建立并完善人工智能基础共性、互联互通、行业应用、网络安全、隐私保护等技术标准"，切实加强人工智能安全标准化工作，是保障人工智能安全发展的必由之路。安全标准制定应按照先成熟先制定，先应用先制定，"由点及面、急用先行"的思路制定。

2020年8月6日，国家标准化管理委员会、中央网信办、国家发展改革委、科技部、工业和信息化部联合印发了《国家新一代人工智能标准体系建设指南》。该指南提出"到2021年，明确人工智能标准化顶层设计，研究标准体系建设和标准研制的总体规则，明确标准之间的关系，指导人工智能标准化工作的有序开展，完成关键通用技术、关键领域技术、伦理等20项以上重点标准的预研工作。到2023年，初步建立人工智能标准体系，重点研制数据、算法、系统、服务等重点急需标准，并率先在制造、交通、金融、安防、家居、养老、环保、教育、医疗健康、司法等重点行业和领域进行推进。建设人工智能标准试验验证平台，提供公共服务能力。"

标准，既是产业竞争的制高点，也是局中人的游戏规则，无论人工智能将如何改变世界，改变不了的是标准的不可替代性。因为缺失标准，人

Part 3

工智能的研发和应用将变得混乱，因为标准不统一，市场将被分裂。

标准化工作对人工智能及其产业发展具有基础性、支撑性、引领性的作用，既是推动产业创新发展的关键抓手，也是产业竞争的制高点。我国虽然在人工智能领域具备了良好的基础，但适应人工智能发展的基础设施、政策法规、标准体系仍亟待完善。

目前，国际上的人工智能现有标准主要是人工智能技术、应用领域的通用标准，而涉及人工智能安全、伦理、隐私保护等安全相关的标准，大多数仍在研究阶段。我们从具有国际影响力的人工智能标准化组织关于人工智能安全工作情况和进展的角度，来分析国外已发布和在研制的人工智能安全相关标准体系，主要包括国际标准化组织/国际电工委员会的第一联合技术委员会（ISO/IEC JTC1）、瑞士国际电信联盟电信标准分局（ITU-T）、美国电气和电子工程师协会（IEEE）、美国国家标准与技术研究院（NIST）。

一、ISO/IEC JTC1 组织研制人工智能技术安全相关标准

国际标准化组织/国际电工委员会的第一联合技术委员会（ISO/IEC JTC1），是一个信息技术领域的国际标准化委员会，于2018年成立人工智能分技术委员会（SC42），下设基础工作组（WG1）、计算方法与AI系统特征研究组（SG1）、可信研究组（SG2）、用例与应用研究组（SG3），重点在人工智能术语、参考框架、算法模型和计算方法、安全及可信、用例和应用分析、伦理等方面同国际组织开展人工智能安全标准化研究。已发布和在研制的人工智能安全相关标准见表16-1。

表16-1 人工智能分技术委员会研制标准

序 号	标准名称	标准内容	状 态
1	ISO/IEC TR 24027《信息技术 人工智能 人工智能系统中的偏差与人工智能辅助决策》	由美国NIST提出，主要研究人工智能系统与人工智能辅助决策系统中的算法偏见	已发布
2	ISO/IEC PDTR 24028《信息技术 人工智能 人工智能可信度概述》	主要研究了人工智能可信赖的内涵，分析了人工智能系统的典型工程问题和典型相关威胁和风险，提出了对应的解决方案。该标准将可信赖度定义为人工智能的可依赖度和可靠程度，从透明度、可验证性、可解释性、可控性等角度提出了建立人工智能系统可信赖度的方法	已发布
3	ISO/IEC TR 24029-1《人工智能 神经网络鲁棒性评估第1部分：概述》、TR 24029-2《人工智能 神经网络鲁棒性评估第2部分：形式化方法》	由法国提出，主要在人工智能鲁棒性研究项目基础上，提出交叉验证、形式化验证、后验验证等多种形式评估神经网络的鲁棒性	已发布
4	ISO/IEC 23894《信息技术 人工智能 风险管理》	梳理了人工智能的风险，给出了人工智能风险管理的流程和方法	已发布
5	TR《信息技术 人工智能 伦理和社会关注概述》	主要从伦理和社会关注方面对人工智能进行研究	已发布
6	《人工智能对隐私的影响》	研究人工智能对隐私产生的影响	在研
7	《软件和系统工程—软件测试—人工智能系统测试》	旨在对人工智能系统测试进行规范	在研
8	ISO/TR 15497《道路车辆—车用软件开发指南》	指出汽车的网络化、多媒体和智能化发展趋势，使汽车电子技术进一步渗透到汽车制造环节。汽车电子部件的功能依赖于嵌入式系统软件来实现，保证汽车电子软件的质量成为一项非常重要的工作。这些标准的制定将对汽车电子软件产品的开发和应用起到规范作用	在研

二、ITU-T 组织研制人工智能应用安全相关标准

瑞士国际电信联盟电信标准分局（ITU-T）是联合国下属组织，是

国际电信联盟管理下的专门制定电信标准的分支机构。该组织于2017年、2018年分别组织了"AI for Good Global"两次峰会，重点关注确保人工智能技术可信、安全和包容性发展的战略，以及公平获利的权利。主要致力于解决智慧医疗、智能汽车、垃圾内容治理、生物特征识别等人工智能应用中的安全问题。目前，尚未公开发布人工智能安全相关的标准体系，但已组织实施研制人工智能应用安全相关的标准。

在ITU-T组织机构中，安全研究组和多媒体研究组主要负责人工智能安全相关标准研制。其中，安全研究组已经开展人工智能应用安全相关的研究和相关标准化项目。安全研究组下设"远程生物特征识别问题组"和"身份管理架构和机制问题组"，负责人工智能技术生物特征识别标准化工作，并关注人工智能技术生物特征数据的隐私保护、可靠性和安全性等方面的各种挑战。

三、IEEE 组织研制人工智能伦理道德安全相关标准

电气和电子工程师协会（IEEE）是美国的电子技术与信息科学工程师协会，是世界上最大的非营利性专业技术学会，致力于电气、电子、计算机工程和与科学有关领域的开发和研究，在航空航天、信息技术、电力及消费性电子产品等领域已制定了900多个行业标准，现已发展成为具有较大影响力的国际学术组织。

IEEE已开展了多项人工智能伦理道德研究，发布了多项人工智能伦理标准和研究报告。2017年年底，IEEE发布了《以伦理为基准的设计：人工智能及自主系统中将人类福祉摆在优先地位的愿景（第二版）》报告，收集了250多名在全球从事人工智能、法律和伦理、哲学、政策相

关工作的专家对人工智能及自主系统领域的问题见解及建议。

　IEEE工作组发布的IEEE P7000系列标准，涉及人工智能系统设计中伦理问题、自治系统透明度、系统/软件收集个人信息的伦理问题、消除算法负偏差、儿童和学生数据安全、人工智能代理等，用于规范人工智能系统道德规范问题。主要标准介绍见表16-2。

表16-2　IEEE工作组发布P7000系列标准

序　号	标准名称	标准内容
1	IEEE P7000《在系统设计中处理伦理问题的模型过程》	该标准建立了一个过程模型，工程师和技术人员可以在系统启动、分析和设计的各个阶段处理伦理问题。预期的过程要求包括新IT产品开发、计算机伦理和IT系统设计、价值敏感设计及利益相关者参与道德IT系统设计的管理和工程视图
2	IEEE P7001《自治系统的透明度》	针对自治系统运营的透明性问题，为自治系统开发过程中透明性自评估提供指导，帮助用户了解系统做出某些决定的原因，并提出提高透明度的机制（如需要传感器安全存储、内部状态数据等）
3	IEEE P7002《数据隐私处理》	指出如何对收集个人信息的系统和软件的伦理问题进行管理，将规范系统/软件工程生命周期过程中管理隐私问题的实践，也可用于对隐私实践进行合规性评估（隐私影响评估）
4	IEEE P7003《算法偏差注意事项》	本标准提供了在创建算法时消除负偏差问题的步骤，还将包括基准测试程序和选择验证数据集的规范，适用于自主或智能系统的开发人员避免其代码中的负偏差。当使用主观的或不正确的数据解释（如错误的因果关系）时，可能会产生负偏差
5	IEEE P7004《儿童和学生数据治理标准》	该标准定义了在任何教育或制度环境中如何访问、收集、共享和删除与儿童和学生有关的数据，为处理儿童和学生数据的教育机构或组织提供了透明度和问责制的流程和认证
6	IEEE P7005《透明雇主数据治理标准》	提供以道德方式存储、保护和使用员工数据的指南和认证，希望为员工在安全可靠的环境中分享他们的信息以及雇主如何与员工进行合作提供建议
7	IEEE P7006《个人数据人工智能代理标准》	涉及关于机器自动做出决定的问题，描述了创建和授权访问个人化人工智能所需的技术要素，包括由个人控制的输入、学习、伦理、规则和价值。允许个人为其数据创建个人"条款和条件"，代理人将为人们提供一种管理和控制其在数字世界中的身份的方式

Part 3

（续表）

序　号	标准名称	标准内容
8	IEEE P7007《伦理驱动的机器人和自动化系统的本体标准》	建立了一组具有不同抽象级别的本体，包含概念、定义和相互关系，这些定义和关系将使机器人技术和自动化系统能够根据世界范围的道德和道德理论进行开发
9	IEEE P7008《机器人、智能与自主系统中伦理驱动的助推标准》	机器人、智能或自治系统所展示的"助推"被定义为旨在影响用户行为或情感的公开或隐藏的建议或操纵。该标准确定了典型微动的定义（当前正在使用或可以创建），包含建立和确保道德驱动的机器人、智能和自治系统方法论所必需的概念、功能和利益
10	IEEE P7009《自主和半自主系统的失效安全设计标准》	自治和半自治系统，在有意或无意的故障后仍可运行会对用户、社会和环境造成不利影响和损害。本标准为在自治和半自治系统中开发、实施和使用有效的故障安全机制，建立了特定方法和工具的实用技术基准，以终止不成功或失败的情况
11	IEEE P7010《合乎伦理的人工智能与自主系统的福祉度量标准》	本标准建立与直接受智能和自治系统影响的人为因素有关的健康指标，为这些系统处理的主观和客观数据建立基线以实现改善人类福祉的目的
12	IEEE P7011《新闻信源识别和评级过程标准》	该标准的目的是通过提供一个易于理解的评级开放系统，以便对在线新闻提供者和多媒体新闻提供者的在线部分进行评级，来应对假新闻未经控制的泛滥带来的负面影响
13	IEEE P7012《机器可读个人隐私条款标准》	该标准给出了提供个人隐私条款的方式，以及机器如何阅读和同意这些条款
14	IEEE P7013《人脸自动分析技术的收录与应用标准》	研究表明用于自动面部分析的人工智能容易受到偏见的影响。该标准提供了表型和人口统计定义，技术人员和审核员可以使用这些定义来评估用于训练和基准算法性能的面部数据的多样性，建立准确性报告和数据多样性规则以进行自动面部分析

四、NIST 组织研制人工智能安全相关标准

美国国家标准与技术研究院（NIST）直属美国商务部，从事物理、生物和工程方面的基础和应用研究，以及测量技术和测试方法方面的研究，提供标准、标准参考数据及有关服务，在国际上享有很高的声誉。

目前，尚未公开发布人工智能安全相关的标准体系，但已组织实施人工智能安全相关的研究。

2019年8月，NIST发布了《关于政府如何制定人工智能技术标准和相关工具的指导意见》，该指南概述了多项有助于美国政府推动使用人工智能的举措，并列出了一些指导原则，这些原则将为未来的技术标准提供指导。指南强调：需要开发有助于各机构更好地研究和评估人工智能系统质量的技术工具。这些工具包括标准化的测试机制和强大的绩效指标，可让政府更好地了解各个系统，并确定如何制定有效的标准。NIST建议专注于理解人工智能可信度的研究，并将这些指标纳入未来的标准，也建议在监管或采购中引用人工智能标准保持灵活性，以适应人工智能技术的快速发展；制定度量标准以评估人工智能系统的可信赖属性；研究告知风险、监控和缓解风险等人工智能风险管理；研究对人工智能的设计、开发和使用的信任需求和方法；通过人工智能挑战问题和测试平台促进创造性的问题解决等。

五、国内人工智能安全标准体系

国内具有权威性的人工智能安全标准体系主要是由全国信息安全标准化技术委员会（TC260）发布，该机构经国家标准化管理委员会批准，于2002年成立。负责组织开展国内信息安全有关的标准化技术工作，主要工作范围包括安全技术、安全机制、安全服务、安全管理、安全评估等领域的标准化技术工作，已在生物特征识别、汽车电子、智能制造等部分人工智能技术、产品或应用安全方面开展了一些标准化工作。

2018年1月，TC260正式成立国家人工智能标准化总体组，承担人工智能标准化工作的统筹协调和规划布局，负责开展人工智能国际国内标准化工作。2018年4月，TC260立项了《人工智能安全标准研究》项目，旨在通过调研国内外人工智能安全相关的政策、标准和产业现状，分析人工智能面临的安全威胁和风险挑战，梳理人工智能各应用领域安全案例，提炼人工智能安全标准化需求，研究人工智能安全标准体系。目前，已发布《人工智能标准化白皮书2018》《人工智能标准化白皮书2019》《人工智能伦理风险分析报告》等成果，正在研究人工智能术语、人工智能伦理风险评估等标准。

另外，TC260已开展了研制人工智能相关标准，主要集中在生物特征识别、智慧家居等人工智能应用安全领域，以及与数据安全、个人信息保护相关的支撑领域。已研制相关标准见表16-3。

表16-3 TC260研制人工智能应用领域安全标准体系

领 域	标准名称	标准内容	状 态
共性标准	《人工智能安全标准研究》	该项目是国内第一个国家人工智能安全标准研究项目。本项目通过调研国内外人工智能安全相关的政策、标准和产业现状，分析人工智能面临的安全威胁和风险挑战，梳理人工智能各应用领域安全案例，提炼人工智能安全标准化需求，研究人工智能安全标准体系	研制
	《人工智能应用安全指南》	项目研究人工智能的安全属性和原则、安全风险、安全管理及在需求、设计、开发训练、验证评估、运行等阶段的安全工程实践指南，适用于人工智能开发者、运营管理者、用户及第三方等组织在保障人工智能系统工程安全时作为参考	研制
生物特征识别	《信息安全技术虹膜识别系统技术要求》	标准规定了用虹膜识别技术为身份鉴别提供支持的虹膜识别系统的技术要求。本标准适用于按信息安全等级保护的要求进行的虹膜识别系统的设计与实现，对虹膜识别系统的测试、管理也可参照使用	研制

（续表）

领　域	标准名称	标准内容	状　态
生物特征识别	《信息安全技术基于可信环境的生物特征识别身份鉴别协议》	标准规定了基于可信环境的生物特征识别身份鉴别协议，包括协议框架、协议流程、协议要求及协议接口等内容。本标准适用于生物特征识别身份鉴别服务协议的开发、测试和评估	研制
	《信息安全技术指纹识别系统技术要求》	标准对指纹识别系统的安全威胁、安全目的进行了分析，规避指纹识别系统的潜在安全风险，提出指纹识别系统的安全技术要求，规范指纹识别技术在信息安全领域的应用	研制
	《信息安全技术网络人脸识别认证系统安全技术要求》	标准规定了安全防范视频监控人脸识别系统的基本构成、功能要求、性能要求及测试方法。本标准适用于以安全防范为目的的视频监控人脸识别系统的方案设计、项目验收及相关的产品开发。其他领域的视频监控人脸识别系统可参考使用	研制
	《信息安全技术生物特征识别信息的保护要求》	标准研究制定生物特征识别信息的安全保护要求，包括生物特征识别系统的威胁和对策，生物特征信息和身份主体之间安全绑定的安全要求，应用模型及隐私保护要求等	研制
自动驾驶	《信息安全技术汽车电子系统网络安全指南》	通过吸收采纳工业界、学术界中的实践经验，为汽车电子系统的网络安全活动提供实践指导	研制
	《信息安全技术车载网络设备信息安全技术要求》	由全国信息安全标准化技术委员会研制。旨在提出解决智能网联汽车行业中关于车载网络设备信息安全技术要求标准问题。建立科学、统一的车载网络设备信息安全技术要求标准	研制
智慧家居	《智能家居安全通用技术要求》	规定了智能家居通用安全技术要求，包括智能家居整体框架、智能家居安全模型及智能家居终端安全要求、智能家居网关安全要求、网络安全要求和应用服务平台安全要求，适用于智能家居产品的安全设计和实现，智能家居的安全测试和管理也可参照使用	研制
	《信息安全技术智能门锁安全技术要求和测试评价方法》	目标是针对智能门锁的信息安全技术要求和测试评价方法予以规定，解决特斯拉线圈攻击、生物识别信息仿冒、远程控制风险等智能门锁安全的新问题，使各研发单位在产品应用设计之初就对产品的信息安全设计与开发进行规范化考虑，以全面提升产品的安全性，促进行业的健康有序发展，保障包括智能门锁系统在内的网络空间安全，保障人民群众生命与财产安全	研制

Part 3

第十七章

人工智能风险评估与预警

近年来，人工智能技术应用越来越广泛，其"脆弱面"也逐渐暴露，机器人"自我意识"、技术滥用等安全漏洞引起业界更多关注。国家也多次强调，要加强人工智能发展的潜在风险研判和防范，确保人工智能各项技术安全、可靠、可控，对人工智能安全风险进行评估也显得尤为重要。

一般来说，人工智能安全所属范围仍是网络安全的一部分，包含两层含义：一是基于人工智能的信息安全，用人工智能支撑安全，助力信息安全防御；二是人工智能自身的安全问题，人工智能自身存在着安全脆弱性。根据《人工智能安全标准化白皮书2019》中对人工智能安全的定义，并参考《网络安全法》对网络安全的定义，将人工智能安全定义为：人工智能安全是通过采取必要的措施，防范对人工智能系统的攻击、侵入、干扰、破坏和非法使用及意外事故，使人工智能系统处于稳定可靠运行的状态，以及遵循人工智能以人为本、权责一致等安全原则，保障人工智能算法模型、数据、系统和产品应用的完整性、保密性、可用性、鲁棒性、透明性、公平性和隐私的能力。

人工智能安全风险：是指安全威胁利用人工智能资产的脆弱性，引发人工智能安全事件或对相关方造成影响的可能性。

人工智能安全风险评估（Risk Assessment）：是立足于提升系统整体安全性，对人工智能技术在应用过程中所面临的威胁、存在的弱点、可能造成的影响等问题进行预判，识别潜在的安全风险，然后通过定性和定量的方法对这些问题所带来风险的可能性进行评估，分析潜在的安全风险等级及可能造成的后果，最后将风险分析的结果与确定的风险准则比较，或者是通过风险分析结果之间的比较，来确定系统的安全状态，为针对性地制定基础防范措施和管理决策提供依据。通过对人工智能进行安全风险评估和预测，能够降低风险发生概率，降低对外界伤害，提高人工智能应用的安全性。

一、人工智能安全风险评估原则、流程、方法

1. 人工智能安全风险评估原则

（1）真实性：安全风险评估必须立足于评估系统的真实基础数据，而被评估的对象应该能够提供安全评估所需相关数据和资料，评估结果要能符合实际。

（2）充分性：在进行安全风险评估之前，要对被评估对象进行充分的了解和分析，掌握充分的相关资料。

（3）适应性：安全风险评估方法的选择或创新要能够适应被评估对象，其适应的条件和范围要能够与被评估对象相吻合。

（4）针对性：安全风险评估方法的选择要针对评估对象本身所要求的结果进行有针对性的选择，符合结果要求的安全评估方法才能被选用。

2. 人工智能安全风险评估流程

（1）评估前准备：对安全风险评估的对象（人工智能）进行明确，调研、分析、收集评估对象有关资料、数据等，提前准备安全风险评估所需的相关资料等。

（2）安全风险识别与分析：结合人工智能的实际情况，深入研究，识别影响评估人工智能安全的风险及其变化规律，对安全风险进行分析。主要对人工智能的资产、威胁来源、脆弱性、安全措施等进行识别。

（3）开展安全风险评估：选择科学、合理的安全风险评估方法，对评估对象的安全状态进行综合评价。

（4）提出安全对策：根据安全风险评估的结果，分析影响安全风险评估结果的主要风险，并有针对性地提出科学和有效的管控对策，以实现安全风险评估的最终目的。

3. 人工智能安全风险评估方法

评估人工智能安全风险，须选择合适的评估方法，不同的评估方法，有可能导致不同的评估结果。因此，应根据实际情况，选择合适的评估方法。如今各种评估方法层出不穷，极大地提高了人工智能安全风险评估工作的效率。概括来说，人工智能安全风险评估方法可以划分为：定性的风险评估方法、定量的风险评估方法、定性与定量相结合的风险评估方法。

art 3

1）定性的风险评估方法

定性的风险评估方法是使用最广泛的风险分析方法，是一种模糊分析方法。该方法主要依靠专家的知识与经验，对评估对象面临的威胁、脆弱点及现有的安全措施进行系统评估，决定评估对象的安全风险等级。定性的风险评估方法的优点：操作简单且容易实施，能方便地对风险程度大小进行排序。缺点：有可能因为操作者的经验和直觉偏差导致结果失准，主观性较强。定性分析方法很多，常用的定性风险评估方法有：主观评分法、故障树分析法。

主观评分法：是利用专家的经验、知识对人工智能可能产生的风险进行评分，如 0 代表没有风险，10 代表风险很大，0～10 之间的数字表示风险逐渐增大，然后把所有风险的权重加起来除以最大的风险权重值就是整体的风险水平，最后与风险评估基准进行对比。

故障树分析法（Fault Tree Analysis，FAT）：遵循从结果找原因的原则，将风险形成的原因按照树枝的形状逐级细化，分析风险产生的原因及各原因之间的因果关系。求出风险发生的概率，进而提供控制风险的方案。该方法具有强大的逻辑性，对分析比较复杂的系统风险有效，分析的结果准确性较高，对提高风险管理的效率作用明显。

2）定量的风险评估方法

定量的风险评估方法是对系统构成风险的每个要素赋予数值，对指标进行量化，进而得到系统安全的风险等级。定量的风险评估方法的结果直观，容易理解。常见的定量评估方法有层次分析法、模糊综合评价法、决策树法。

层次分析法（Analytic Hierarchy Process，AHP）：是一种有效灵活处理不易定量化的定性与定量相结合的层次化的多维决策方法。其核心是将复杂的问题层次化，在层次分析基础上，把主观判断进行量化，以数量的形式进行表达。具体步骤为：建立层次结构模型→构造判断矩阵→层次单排序及一致性检验→层次总排序及一致性检验。

模糊综合评价法（Fuzzy Comprehensive Evaluation Method，FCEM）：是基于模糊数学的一种评价方法，根据最大隶属度原则对被评对象的每个因素做出评价，能较好地解决模糊的、不确定的、难以量化的问题。

决策树法（Decision Tree，DT）：是利用概率论原理和树形图作为分析工具的决策工具。其用决策点代表决策问题，方案分枝表示可供选择的方案，概率分枝表示各种可能出现的结果，对各种方案在各种结果下进行损益值比较，进而为决策者提供决策，能直观地显示整个问题的决策过程。

3）定性与定量相结合的风险评估方法

半定量风险评估方法就是把定性与定量的风险评估方法综合运用的风险评估方法。在对复杂系统进行风险评估时，需考虑众多且抽象的安全因素，使用定性的或定量的风险评估方法是有局限性的。因此，将这两种方法进行结合，吸收各自的优势，就能更加全面、科学地对复杂系统进行风险评估，得到更加准确的风险等级。

二、人工智能安全风险评估指标体系构建

1. 评估指标体系构建原则

人工智能安全风险评估指标体系不是一些指标的简单堆积和组合，而是根据某些原则建立起来的，并能综合反映人工智能安全风险水平的指标集合。为了全面、客观地评价人工智能安全风险，构建人工智能安全风险评估指标体系必须遵循一定的原则。

1）可靠性、鲁棒性和可解释性

为了能在一些关键应用中使用先进的人工智能系统，例如：商用飞机防撞、金融交易或大规模发电厂、化工厂控制等，在应用过程中必须保证这些系统具有可验证性（以正确的方式对一系列输入进行验证）、可靠性（即使是新的未见过的输入，表现能够与预期相符）、鲁棒性（在应用时不易受噪声或特定输入干扰）、可审计性（当做出任何给定的决定时，可检查其内部状态）、可解释性（有条理的，可以确保产生决策的数据、场景和假设都是能够被解释清楚的）及无偏性（不会对某类行为表现出无意识的偏好）等。因此，在构建人工智能安全风险评估指标体系时，应考虑到算法、模型的可靠性、鲁棒性和可解释性等，建立更全面、系统的安全评价指标体系。

2）可控性

尊重人工智能发展规律，在推动人工智能创新发展、有序发展的同时，及时发现和解决可能引发的风险。人工智能系统应不断提升透明

性、可解释性、可靠性、可控性，逐步实现可审核、可监督、可追溯、可信赖。高度关注人工智能系统的安全，提高人工智能鲁棒性及抗干扰性，形成人工智能安全评估和管控能力。同时，不断提升智能化技术手段，优化管理机制，完善治理体系，推动治理原则贯穿人工智能产品和服务的全生命周期。因此，在构建人工智能安全风险评估指标体系时，应考虑人工智能的可控性，完善管理机制。

3）公平性

人工智能发展应促进公平公正，保障利益相关者的权益，促进机会均等。通过持续提高技术水平、改善管理方式，在数据获取、算法设计、技术开发、产品研发和应用过程中消除偏见和歧视。因此，在构建人工智能安全风险评估指标体系时，应考虑到人工智能算法公平公正的原则。

4）隐私保护性

人工智能发展应尊重和保护个人隐私，充分保障个人的知情权和选择权。在个人信息的收集、存储、处理、使用等各环节应设置边界，建立规范。完善个人数据授权撤销机制，反对任何窃取、篡改、泄露和其他非法收集利用个人信息的行为。因此，在构建人工智能安全风险评估指标体系时，应考虑到隐私保护性。

5）责任确定性

人工智能研发者、使用者及其他相关方应具有高度的社会责任感和自律意识，严格遵守法律法规、伦理道德和标准规范。建立人工智能问责机制，明确研发者、使用者和受用者等的责任。人工智能应用过程中应确保人类知情权，告知可能产生的风险和影响。防范利用人工智能进行非法活动。因此，在构建人工智能安全风险评估指标体系时，应考虑到人工智能的责任确定性原则。

6）向善性

人工智能发展应以增进人类共同福祉为目标，应符合人类的价值观和伦理道德，促进人机和谐，服务人类文明进步；应以保障社会安全、尊重人类权益为前提，避免误用，禁止滥用、恶用。人工智能安全风险评估指标体系的构建应秉持"科技向善"理念，构建面向数据和算法的安全风险评估体系，使其最大程度造福人类。

2. 评估指标体系构建方法

构建评估指标体系的方法主要有头脑风暴法（Brain Storming，又称BS法）、德尔菲法（Delphi）、层次分析法、综合法（Synthesis Method）、指标属性分类法、逐步回归法（Stepwise Regression）等。

头脑风暴法：指在群体决策中，在融洽和不受限制的会议氛围中，与会代表积极思考，畅所欲言，不断产生创新设想和新观念。但在这一过程中，需要控制好会议氛围，同时对参会人员的能力有较高的要求。

德尔菲法：也称专家调查法，组织者通过组织若干专家，按照相应的程序，专家互相不见面，专家依靠自己的专业知识经验通过信函反映自己对该评估事件的想法，所有专家互不知情、互不讨论，最后通过收集统计得出大家最关注的内容。正确选择专家是该方法成功的关键。

层次分析法：是先将评估指标体系的评估对象的度量目标划分为不同的方面，明确每个方面与该次评估目的之间的联系，然后将每个方面逐层细分，直到每个方面都可以用一个或几个具体的可测量指标来描述评估对象及评估目的的特征，最后通过层次分析确定每个因素对于本层次的重要性，以及对整个事件的重要性，确定每个指标的权重。

综合法：是对已有的一些指标进行归纳综合，将综合后的指标按一定的标准进行聚类，找出最能代表该评估目的的指标，构造一个体系化的新的指标体系，适用于进一步完善和发展现有的评估指标体系。

指标属性分类法：是在提出评估指标阶段，根据指标属性度构建评估指标体系。一般情况下，指标属性按时间状态可分为动态指标与静态指标，也可按数值分为绝对数指标、相对数指标、平均数指标。

逐步回归法：是指通过对拟构建的评估指标体系的评估指标进行逐步回归分析，通过验证相关性删除无意义的影响因素，保留显著的影响因素。

人工智能安全风险评估指标的体系构建主要使用头脑风暴法、德尔菲法和层次分析法为主，对应这三个方法的指标体系构建流程是提出指标、筛选指标、确定权重。

3. 人工智能安全风险因素识别

随着人工智能技术的不断成熟，人工智能技术在诸多领域得到应用与发展，人工智能技术和产业正在蓬勃发展。同时，人工智能仍面临来自人工智能技术本身和人工智能应用的安全风险和挑战。全面分析并构建较为完善的人工智能安全风险影响因素指标体系是降低大数据环境下人工智能安全风险的前提和基础，指标体系的全面性和合理性直接影响着人工智能安全风险识别与预测。

美国智库"新美国安全中心"发布报告将人工智能风险分为脆弱性、不可预测性、弱可解释性、违反规则法律、系统事故、人机交互失败、机器学习漏洞被对手利用7个方面。2018年世界人工智能大会提出人工智能安全风险包括网络安全风险、数据安全风险、算法安全风险、信息安全风险、社会安全风险和国家安全风险。麦肯锡2019年4月发布的《面对人工智能的风险》研究报告中提出数据应用、技术问题、安全障碍、模型偏差和人机互动等因素都会引发人工智能风险。我国发布AIOSS-01-2018《人工智能深度学习算法评估规范》、ISO/IEC 13335《信息技术 信息技术安全管理指南》、GB/T 20984—2007《信息安全技术信息系统的风险评估规范》等标准中也强调了有关信息安全的风险因素。

在以上研究的基础上，借鉴已有学者关于网络安全、云计算安全、大数据安全等方面的研究成果，结合人工智能安全现状和人工智能安全风险的定义，从人工智能技术本身和应用过程两个角度来识别其面临的风险因素。

1）人工智能技术本身的安全风险因素识别

人工智能技术本身的安全风险主要包括两个方面：算法模型安全和数据安全。

算法模型面临对抗样本攻击、算法歧视、算法后门、算法黑箱等安全挑战。具体来讲，一是深度学习算法易受到对抗样本攻击，导致出现误判或漏判等错误结果；二是由于人工智能的算法歧视问题，决策结果可能存在不公正的情况；三是人工智能模型在第三方生成、传输过程中可能存在后门攻击，与传统程序相比，后门隐蔽性更高；四是人工智能算法决策的"黑箱"特征存在结果可解释性和透明性问题，使得算法决策的归责变得困难。

数据面临训练数据污染、数据投毒、模型窃取等安全挑战，具体表现为：一是通过数据投毒等方式污染训练数据集，干扰人工智能模型准确率；二是通过逆向攻击、窃取模型等手段，使得算法模型及内部数据泄露。另外，由于设计失误、数据质量不高、联合建模中的隐私和数据泄露、设计人员价值观取向等问题，都有可能引发人工智能算法和模型潜藏偏见或歧视，导致决策结果不公正，引发人工智能算法和模型歧视等问题。

2）人工智能技术应用过程安全风险因素识别

人工智能应用过程中存在的安全风险主要包括两个方面：管理体系缺失和应用环境危机。

管理体系主要是指人工智能技术应用过程中的监管体系。当今科学技术发展日新月异，有太多的不确定性，不合规的管理制度对于防范人工智能安全起不到任何作用，并且还有可能导致安全事态扩大。另外，《2018年全球信息安全状况调查》显示，目前众多缺乏安全素养的员工仍是安全事件的最大来源，"人"是最难控制的安全因素，它就像一颗隐埋的不定时炸弹，不知何时爆炸。近年来，国内外出现了不少由内部工作人员造成的安全事件，破坏核心数据的机密性、完整性或可用性。因此，以风险为导向建立人工智能安全风险预防和保护措施、安全管理制度和策略，重点针对中、高风险领域制定详细具体、可操作的政策，明确安全管理机构和人员的责任与权限，避免越权、滥用威胁，建立健全责任与权限管理制度，能够防患于未然，确保人工智能技术应用可持续运行。

人工智能技术所处应用环境具有一定的复杂性，既包含软硬件系统安全方面的因素，同时还包括人工智能技术所处网络和物理环境方面的因素。

一是由于人工智能系统由软件和硬件组成，面临着传统的软、硬件安全威胁，如拒绝服务攻击、安全漏洞等。特别是，深度学习框架及依赖库作为人工智能系统的重要基础支撑，深度学习框架及其依赖库中的软件漏洞涵盖了几乎所有常见的漏洞类型，包括内存访问越界、空指针引用、整数溢出、除零异常等。这些漏洞可被用来对深度学习应用进行拒绝服务攻击、控制流劫持、分类逃逸，以及潜在的数据污染攻击。

二是随着人工智能技术在网络安全领域的应用，网络攻击手段也越来越呈现出智能化的特点，网络攻击的智能化使得网络攻击成本降低、效率提升、攻击手段更加多样，为保障网络安全带来了更严峻的挑战。

三是人工智能技术所处物理环境如各种自然灾害、灰尘、潮湿、静电等都有可能导致系统终端异常运转，给人工智能技术应用带来重大资产损失，导致人工智能安全基础设施瘫痪，对人工智能技术安全造成直接攻击。

另外，人工智能技术的开发和应用正深刻地改变着人类的生活，不可避免地会冲击现有的伦理与社会秩序，有可能引发人工智能伦理道德风险。

4. 人工智能安全风险评估指标体系

本指标体系主要是针对人工智能安全拟建立具有普适性的安全风险评估指标。在以上关于人工智能安全风险因素识别的基础上，构建了包含4个二级指标、17个三级指标的人工智能安全风险评估指标体系，见表17-1。

表17-1　人工智能安全风险评估指标体系

一级指标	二级指标	三级指标	含　义
人工智能安全风险评估	算法模型安全	算法、模型可靠性和可解释性	指在规定的条件和时间内，人工智能算法、模型正确完成预期功能，不引起系统失效或异常的能力，且能够尽可能地解释系统决策行为和结果
		算法、模型鲁棒性	指人工智能模型和算法在变化环境、输入噪声、对抗攻击、数据投毒等情况下的稳定工作能力
		模型攻击防御	如采用训练数据过滤、后门监测与缓解、对抗训练、输入变换防御、模型加固训练等措施保障模型在对抗攻击条件下的抗攻击性、可用性和完整性
		模型窃取防御	如采取数字水印、识别恶意查询序列等措施降低模型窃取风险，避免信息泄露
	数据安全及隐私	数据采集、使用、存储、传输安全	如采取数据真实性鉴别技术、安全云盘、数据共享融合等避免数据采集、使用、存储、传输过程中的伪造、虚假、滥用、泄露等造成的信息安全问题，提高样本数据的标注质量
		数据窃取、篡改防御	如采用数据新型加密算法属性加密、代理重加密算法、全同态加密算法等措施，以避免运营数据、客户身份信息、个人隐私信息等敏感数据的保密性遭受破坏和泄露造成的风险，防止相关人员窃取数据，避免训练样本数据被篡改

（续表）

一级指标	二级指标	三级指标	含　　义
人工智能安全风险评估	数据安全及隐私	数据访问权限控制	主要是评估无权访问的数据资源的安全性，如数据采集及标注人员对数据的使用权限控制、用户身份认证和访问行为监控等
		联合建模中的隐私和数据安全	如以分布式形式存在的多个数据集之间进行联合建模中的安全和隐私保护，如联邦学习、隐私保护机器学习等
		数据运维	指数据投入运营后，对数据采集、处理、存储、标注、后处理等过程的日常运行及维护，确保数据传输、销毁、管理等方面的安全性
	管理体系	安全预防和保护措施	指防范人工智能安全事件发生所采取的手段或者方法，确保人工智能系统的可控性，同时秉持"科技向善"理念，建立人工智能问责机制，明确研发者、使用者和受用者等的责任，以保障人工智能系统的公平性和责任确定性，禁止滥用、误用
		安全管理策略、制度	高效的安全策略和完善的管理制度能够保障人工智能系统运行的完整性、保密性、可用性等
		安全管理机构、人员	安全管理机构、人员要落实安全保护责任，防止人工智能系统安全风险事件发生
	应用环境	软件系统安全	指运行人工智能算法模型所依赖的软件的安全性，如操作系统、服务接口、软件框架（caffe，tensorflow等）及开源人工智能算法代码、开源依赖库的安全性
		硬件系统安全	指运行人工智能算法模型的硬件平台的安全性，如硬件架构、物理端口或接口、传感器、底层人工智能芯片、部署终端等，在磁盘故障、网络过载等情况下具有稳健的生存能力
		网络安全	如采用加密通信、防火墙、入侵防御等软硬件保障人工智能系统所处的网络不受威胁与侵害，系统能够连续可靠地正常运行
		物理环境安全	采用异地灾备、链路冗余、硬件冗余等措施，防范各种自然灾害、灰尘、潮湿、静电等导致系统终端异常运转

参考文献 | References

[1] 梅松. 马文·明斯基. 大脑无非是肉做的机器 [J]. 大众科学，2016(3):34-35.

[2] 李洋. 人工智能冬天的成因及其展望 [D]. 南京：南京大学，2015.

[3] 尹传红. 美国"星球大战计划"出台前后 [J]. 中国国家天文，2013(3):22-31.

[4] 樊殿华. 互联网一哥破产记 [J]. 中国市场，2011(47):42-43.

[5] 陈秀华. 循序讲法—解决问题的深度学习 [J]. 文理导航，2018(27):13-13.

[6] 刘昆丽. 人工智能技术发展下的伦理问题研究 [J]. 明日风尚，2018(10).

[7] 刘宪权. 人工智能时代的刑事责任演变：昨天、今天、明天 [J]. 法学，2019(1).

[8] 郭田德，韩丛英. 人工智能机理解释与数学方法探讨 [J]. 中国科学：数学，2020(5).

[9] 肖中瑜，魏延. 模糊数学与人工智能技术 [J]. 重庆教育学院学报，2002(6).

[10] 安妮·雅各布森. 五角大楼之脑 [J]. 北京：中信出版集团，2017.

[11] 冯·诺依曼. 计算机与人脑 [J]. 北京：北京大学出版社，2010.

[12] 冯凭. "人是视器"的命题应当重新评价——兼论还原论的科学意义 [J]. 医学与哲学，1984(5).

[13] 谢啸天 胡益鸣. AI，你从哪里来？[J]. 解放军报，2019(3).

[14] 国务院发展研究中心. 人工智能全球格局：未来趋势与中国位势 [J]. 北京：中国人民大学出版社，2019.

[15] 谢飞，穆昱，管子玉，沈雪敏，许鹏飞，王和旭. 基于具有空间注意力机制的 Mask R-CNN 的口腔白斑分割 [J]. 西北大学学报（自然科学版），2020(1).

[16] 沈娟. 人工智能时代教育改革创新研究[J]. 社会科学动态, 2020(2).

[17] 张霄, 姚凤民. 智能化实体办税服务厅的构建——基于人工智能视角的讨论[J]. 税务研究, 2018(8).

[18] 张燕, 石勇. 总体保持快速增长 核心竞争力亟待增强——2014年上半年中国高端装备制造业发展报告[J]. 金属加工（冷加工）, 2014(10).

[19] 赵海, 王永成, 王杰, 马颖华. 基于人工意识概念的人工智能科学的重构[J]. 模式识别与人工智能, 2002(15):155-160.

[20] 苏培华. 探讨人工智能与人类智能[J]. 电子世界, 2012(4):76-77.

[21] 郝英好. 人工智能安全风险分析与治理[J]. 中国电子科学研究院学报, 2020(6).

[22] 赵磊, 赵晓磊. AI正在危及人类的就业机会吗?——一个马克思主义的视角. 河北经贸大学学报, 2017(11).

[23] 何新田, 孙梦如. 机器人也能写新闻了! 媒体记者会被取代吗? [J]. 中国广播, 2015(12).

[24] 郝英好. 机器人技术发展及其对经济和社会的影响研究[J]. 新型工业化, 2016(11).

[25] 姜照辉. 工业革命时期欧洲劳动力政策及其特点[J]. 重庆理工大学学报（社会科学版）, 2012, 26(9):54-60.

[26] 褚怡敏. 试论英国工业革命时期的失业问题[J]. 前沿, 2013, (23):104-109.

[27] 朱勤丰. 大数据时代高校财务实现人工智能的价值空间[J]. 教育财会研究, 2019, 30(1):89-93.

[28] 秦娇. 人工智能时代会计人员面临的机会和挑战[J]. 商业会计, 2019, (7):86-88.

[29] 史京珊. 浅谈人工智能与人类就业[J]. 山西青年, 2019, (6):271.

[30] 张明卓. 浅谈人工智能与社会问题[J]. 数码设计（上）, 2018, (12):170-171.

[31] 丁建定. 英国新济贫法的出现及反新济贫法运动[J]. 东岳论丛, 2011, 32(5):20-25.

[32] 刘燕玲. 应对人工智能时代的失业危机: 培训助力终生学习[J]. 数字化用户, 2017, 23(50):269.

[33] 钟元涛. 人工智能时代应对失业问题的策略[J]. 青年时代, 2018, (4):126-127.

[34] 高钰乔. 大数据时代对中国失业现状的研究分析[J]. 现代经济信息, 2019, (10):13.

[35] 马库斯·康米特，黄紫斐.人工智能攻击：人工智能安全漏洞以及应对策略.信息安全与通信保密，2019(10).

[36] 付雄.反网络洗钱技术研究[J].软件导刊，2010, 09(12):123-126.

[37] 付雄.基于分布式智能代理的反网络洗钱技术研究[J].计算机工程与科学，2011, 33(7):25-31.

[38] 付雄.论网络洗钱犯罪及对策[J].华南理工大学学报（社会科学版），2010, 12(5):82-88.

[39] 钟刚.频繁子图挖掘算法及其在洗钱模式发现中的应用研究[D].武汉：华中科技大学，2008.

[40] 刘传会，汪小亚，郭增辉.机器学习在反洗钱领域的应用与发展[J].清华金融评论，2019(4):95-99.

[41] 董广.基于异常知识发现和增量学习的银行反洗钱系统设计[D].杭州：杭州电子科技大学，2009.

[42] 徐璘俊.智能分类算法在银行客户洗钱风险评估中的应用研究[D].杭州：浙江大学；浙江大学计算机科学与技术学院，2010.

[43] 程科.违法犯罪资金查控系统的技术应用与优化路径[J].江西警察学院学报，2019(1):13-18.

[44] 邵江宁.人工智能助力网络安全检测和响应[J].信息安全与通信保密，2018(7):27-28.

[45] 李云龙.基于人工智能的网络安全技术研究[J].信息与计算机，2017(6):146-148.

[46] 刘颖.人工智能在计算机网络安全中的应用研究[J].数字通信世界，2019(3):189.

[47] 李艳，王鹏，孙福振.基于机器学习的智能防火墙设计[J].山东理工大学学报（自然科学版），2008, 22(3):33-37.

[48] 周正，文亚飞，鲍文平.基于深度学习的人工智能用于识别破解字符型验证码[J].通信技术，2017, 50(11):2572-2576.

[49] 沈冰.浅析代议制中实行直接选举的社会条件[J].中国-东盟博览，2013(7).

[50] 杜欢.人工智能时代民主政治的机遇与挑战[J].中国社会科学报，2017(11).

[51] 董立人.人工智能发展与政府治理创新研究[J].天津行政学院学报，2018(5).

[52] 朱红波.大数据背景下的网络舆论引导方法探析[J].西部广播电视，2019(5).

[53] 张志安，曹艳辉.大数据、网络舆论与国家治理[J].社会科学，2016(8).

[54] 李永花，王丽娟，贺虹，刘江，李晓菁，刘继伟.北京市无偿献血负面舆论大数据分析[J].中国输血杂志，2017(12).

[55] 刘宁，李红梅.政务微博舆论生成演变路径研究——以"河北发布"微博为例[J].新媒体研究，2018(11).

[56] 冯雯璐.移动传播体系下内容分发方式探究——以今日头条为例[J].新媒体研究，2017(11).

[57] 郭宏彬.人工智能助升应急管理水平[N].人民论坛，2019-08-25.

[58] 章博亨，刘健，朱宇翔，吴帆，程维.基于大数据和机器学习的微博用户行为分析系统[J].计算机知识与技术，2017(4).

[59] 刘璐，谢东方，王会权，申霞.领导决策如何突破舆论绑架困局——以"义昌大桥垮塌事件"为例[J].领导科学，2019(4).

[60] 刘宁，李红梅.政务微博舆论生成演变路径研究——以"河北发布"微博为例[J].新媒体研究，2018(11).

[61] 王芽.别让"信息茧房"禁锢我们的思维[J].新闻研究导刊，2018(9).

[62] 陈伟.个性化新闻推送的负面影响及应对措施[J].新闻知识，2018(9).

[63] 徐能武，龙坤.联合国CCW框架下致命性自主武器系统军控辩争的焦点与趋势[J].国际安全研究，2019(5).

[64] 郝英好，李睿深.人工智能对战斗力生成机制的影响及其启示[J].中国电子科学研究院学报，2018(12).

[65] 袁于飞，李宇佳.国家新一代人工智能治理专业委员会表示：发展负责任的人工智能[J]，光明日报，2019-06-18.

[66] 王志新.人工智能导致的法律挑战及其政策调适[J].改革与开放，2019(6).

[67] 新一代人工智能发展规划[R].国发〔2017〕35号，2017.

[68] 人工智能标准化白皮书（2018）[R].中国电子技术标准化研究院，2018.

[69] 人工智能标准化白皮书（2019）[R].中国电子技术标准化研究院，2019.

[70] 大数据安全标准化白皮书（2018）[R].全国信息安全标准化技术委员会，2018.

[71] 蔡春晓，田高友，贾哲等.人工智能技术的军事应用风险思考[J].军事运筹与

系统工程，2019(3).

[72] 惠志斌.各国人工智能安全政策研判[J].信息安全与通信保密，2019, 000(006): 12-18.

[73] 赛博研究院.人工智能技术与网络空间安全[J].信息安全与通信保密，2019(6): 21-26.

[74] 林思远，王洪宇.人工智能安全问题及其解决思路[J].中外交流，2018(10).

[75] 吕泽芳，马刚，孙先文等.人工智能安全的概念、分类及研究现状综述[J].陕西电力，2019(8): 32-42.

[76] 赵志远.推进人工智能安全的落地与政企合作[J].网络安全和信息化，2019(11).

[77] 马库斯·康米特，黄紫斐.人工智能攻击：人工智能安全漏洞以及应对策略[J].信息安全与通信保密，2019(10): 72-81.

[78] 郝成亮，张广原，郑磊等.人工智能在信息安全风险评估中的应用探究[C].第三届智能电网会议论文集.2018.

[79] 傅莹.人工智能对国际关系的影响初析[J].国际政治科学，2019, 4(1).

[80] 傅莹.人工智能的治理和国际机制的关键要素[J].人民论坛特稿，2020(2).

[81] 李彬.军事活动中机器的角色与国际法的合规.国际战略基金会编《战略态势观察（2020）》，2020.

[82] 张权.人工智能与政治安全.研究报告，2017.

[83] 张权.网络舆情治理象限：由总体目标到参照标准.武汉大学学报（哲学社会科学版），2019(3).

[84] 李睿深，郝英好，石晓军.颠覆性技术丛书：人工智能.北京：国防工业出版社，2021.

[85] 冀甜甜、方滨兴、崔翔、王忠儒、甘蕊灵、韩宇、余伟强.深度学习赋能的恶意代码攻防研究进展.计算机学报，2020(13).

[86] 凯斯·R.桑斯坦.信息乌托邦.北京：法律出版社，2008.

[87] 徐能武，龙坤.联合国CCW框架下致命性自主武器系统军控辩争的焦点与趋势[J].国际安全研究，2019(5).

[88] 李开复.人工智能没有爱的能力.凤凰国际智库，2018-08-15.

[89] 安达.人工智能技术发展现状及趋势.研究报告，2017(12).

[90] 袁于飞，李宇佳. 国家新一代人工智能治理专业委员会表示：发展负责任的人工智能. 光明日报，2019-06-18.

[91] 王志新. 人工智能导致的法律挑战及其政策调适[J]. 改革与开放，2019-06-15.

[92] Weiwei Hu, Ying Tan. Generating Adversarial Malware Examples for Black-Box Attacks Based on GAN.

[93] Ian J. Goodfellow, Jonathon Shlens & Christian Szegedy. Explaining and harnessing adversarial examples[C]. ICLR 2015.

[94] John Seymour, Philip Tully. Weaponizing data science for social engineering: Automated E2E spear phishing on Twitter, Black Hat USA 2016.

eferences